电力科学与技术发展
——年度报告——

2023

新型储能技术与应用
研究报告

中国电力科学研究院　组编

中国电力出版社
CHINA ELECTRIC POWER PRESS

图书在版编目（CIP）数据

电力科学与技术发展年度报告.新型储能技术与应用研究报告：2023 年 / 中国电力科学研究院组编 . -- 北京：中国电力出版社，2024.12. -- ISBN 978-7-5198-9507-5

Ⅰ . TM

中国国家版本馆 CIP 数据核字第 2024RZ4661 号

出版发行：中国电力出版社

地　　址：北京市东城区北京站西街 19 号（邮政编码 100005）

网　　址：http://www.cepp.sgcc.com.cn

责任编辑：周秋慧　匡　野

责任校对：黄　蓓　常燕昆

装帧设计：郝晓燕　永诚天地

责任印制：石　雷

印　　刷：北京九天鸿程印刷有限责任公司

版　　次：2024 年 12 月第一版

印　　次：2024 年 12 月北京第一次印刷

开　　本：889 毫米 ×1194 毫米　16 开本

印　　张：5.75

字　　数：115 千字

定　　价：88.00 元

电力科学与技术发展年度报告

编委会

主　任　高克利

副主任　蒋迎伟

委　员　赵　兵　殷　禹　徐英辉　郜　波　李建锋　刘家亮
　　　　赵　强

编审组

组　长　郭剑波

副组长　王伟胜

成　员　程永锋　郑安刚　万保权　雷　霄　惠　东　田　芳
　　　　周　峰　来小康　卜广全　张东霞

新型储能技术与应用研究报告（2023 年）

编写组

组　长　刘家亮

成　员　惠　东　马晓明　官亦标　丘　明　杨岑玉　王上行

　　　　渠展展　魏　斌　李　蓓　李相俊　夏力行　高　飞

　　　　吴晓康　刘铭扬　杨　天　杜呆娴　王凯丰　孙召琴

　　　　陈一霞　韩雪冰　徐玉杰　李　宁　田华军　白　宁

　　　　刘明义　刘　宇　于　冉　李振明　刘晓彤　黎　可

编写单位

中国电力科学研究院有限公司　中国科学院物理研究所

清华大学　中国科学院工程热物理研究所　北京理工大学

华北电力大学　国家电投集团科学技术研究院有限公司

中国华能集团清洁能源技术研究院有限公司

国家能源集团新能源技术研究院有限公司

当前，世界百年未有之大变局加速演进，科技革命和产业变革日新月异，国际能源战略博弈日趋激烈。为发展新质生产力和构建绿色低碳的能源体系，中国电力科学研究院立足于电力科技领域的深厚积累，围绕超导、量子、氢能等多学科领域，力求在前沿科技的应用与实践上、在技术的深度和广度上都有所拓展。为此，我们特推出电力科学与技术发展年度报告，以期为我国能源电力事业的发展贡献一份绵薄之力。

"路漫漫其修远兮，吾将上下而求索。"自古以来，探索与创新便是中华民族不断前行的动力源泉。中国电力科学研究院始终坚守这份精神，致力于锚定世界前沿科技，服务国家战略部署。经过一年来的努力探索，编纂成电力科学与技术发展年度报告，共计 6 本，分别是《超导电力技术发展报告（2023 年）》《新型储能技术与应用研究报告（2023 年）》《面向新型电力系统的数字化前沿分析报告（2023 年）》《电力量子信息发展报告（2023 年）》《虚拟电厂发展模式与市场机制研究报告（2023 年）》《电氢耦合发展报告（2023 年）》。这些报告既是我们阶段性的智库研究成果，也是我们对能源电力领域交叉学科的初步探索与尝试。

"学然后知不足，教然后知困。"我们深知科研探索永无止境，每一次的突破都源自无数次的尝试与修正。这套报告虽是我们的一家之言，但初衷是为了激发业界的共同思考。受编者水平所限，书中难免存在不成熟和疏漏之处。我们始终铭记"三人行，必有我师"的古训，保持谦虚和开放的态度，真诚地邀请大家对报告中的不足之处提出宝贵的批评和建议。我们期待与业界同仁携手合作，不断深化科研探索，继续努力为我国能源电力事业的发展贡献更多的智慧和力量。

中国电力科学研究院有限公司

2024 年 4 月

我国已成为全球新能源装机规模最大、发展速度最快的国家。随着"双碳"进程加快和新型电力系统构建，亟需新型储能技术的支撑。2024 年 3 月 5 日，国务院总理李强在全国两会上做政府工作报告，首次明确提出要"发展新型储能"。

新型储能是构建新型电力系统、推动能源体系变革、保障国家能源安全的重要基础装备和关键支撑技术，可在保障电网安全、保障电力供应、促进新能源消纳等方面发挥重要作用。在保障电网安全方面，在高比例新能源和大容量直流接入地区，新型储能可为系统提供惯量支撑和一次调频，从而有效改善系统频率安全。在电网末端、配电网薄弱及新能源高渗透率接入、应急保障和重要负荷供电保障能力不足等地区，储能可有效提升电网供电保障能力、安全水平和资产利用效率。在保障电力供应方面，以风电、光伏为代表的新能源具有随机性、波动性的特点，同等装机规模下有效发电能力远低于火电、水电等常规电源，呈现"大装机、小出力"的特点，经常出现夏季"极热无风"、冬季"极寒少光"现象，新型储能可提供保供支撑作用。在促进新能源消纳方面，目前国家电网有限公司经营区新能源日最大波动已超 2.5 亿 kW。新能源新增装机将持续增长，新能源日最大波动将进一步增大，新型储能灵活调节作用可提升新能源的消纳水平。

现阶段我国新型储能蓬勃发展，技术路线呈现出了多元化发展趋势，具备跨行业多场景应用潜力，整体处于由商业化初期步入规模化发展的过渡阶段，但现阶段发展仍存在安全风险突出、技术成熟度差异大、成本还需进一步降低、标准体系上不完善、市场机制尚不健全等问题，新型储能高质量发展仍有大量工作。

为了推动新型储能健康有序发展，中国电力科学研究院聚焦新型储能的关键技术、安全防护、标准体系建设及演进形态等，总结技术现状并分析未

来发展，对新型储能的基础研究、技术开发、工程实践及推广应用都具有重
要的借鉴作用。

郭剑波

中国工程院院士

中国电力科学研究院有限公司名誉院长

2024 年 4 月

新型储能技术是支撑能源转型的关键之一，也是构建新型电力系统和促进节能提效的重要依托。《"十四五"新型储能发展实施方案（2022 年）》提出，加强储能技术创新战略性布局，积极实施新型储能关键技术研发的支持政策。2024 年，政府工作报告明确提出"发展新型储能"，在国家政策和技术创新的双轮驱动下，我国新型储能规模化发展趋势逐渐呈现。

近年来，我国新型储能装机规模增长迅猛，电化学储能占据主导地位。电化学储能是新型电力系统的重要组成部分，是解决可再生能源间歇性和不稳定性的重要手段，也是涉及"源网荷储"协调运行的关键技术；具有调节速度快、布置灵活、建设周期短、环境友好等独特优势，有助于解决可再生能源发电的不连续、不可控问题，保障电力系统持续稳定输出电能，更大程度上替代化石燃料发电。当前，电化学储能技术的电力系统应用研究已取得积极进展：比如在用户侧，在用电量大、具有明显电价差的工业企业或工业园区，配置储能可以平抑尖峰负荷、降低用电基本容量、节省电费支出；在能耗高、需要不间断供电的数据中心，储能可提高供电可靠性，通过"削峰填谷"、容量调配来提高设备运行的经济性；在微电网配置储能，可缓解对电网的超负荷需求，实现电网系统配置优化。

电化学储能装机规模快速增长的同时，储能单机容量越来越大；但电化学储能仍然存在产品规格不统一、检测平台不完善、理论与应用有待进一步结合、成本有待进一步降低等制约发展的关键问题。高性能、高安全性、低成本的关键材料，结构优化的储能器件及评价，多能互补与智能化的储能系统及电化学储能商业化的新应用模式是未来重点发展的方向。

《新型储能技术与应用研究报告（2023 年）》聚焦发展现状、核心材料及关键技术、安全防护及全流程管控、标准化建设等，立足新型电力系统的实际需求，为新型储能健康安全、高质量有序发展提供了决策参考和创新思路。

中国工程院院士

北京理工大学学术委员会副主任、求是书院院长

2024 年 4 月

新型储能作为构建新型电力系统、推动能源体系变革、保障国家能源安全的重要基础装备和关键支撑技术，是构建新发展格局的重要战略性新兴产业。参照行业标准《电力储能基本术语》，可按照不同技术原理，将储能电站分为电化学和物理储能电站。抽水蓄能作为传统电力储能技术，已在电力系统中规模化应用，新型储能主要是指除抽水蓄能外的电力储能技术，如锂离子电池储能、钠离子电池储能、液流电池储能、压缩空气储能、飞轮储能等。

党和国家高度重视新型储能科技创新和产业发展。2021 年 7 月，国家发展改革委、国家能源局首次印发的《关于加快推动新型电力储能发展的指导意见》强调，到 2025 年，实现新型电力储能从商业化初期向规模化发展转变，装机规模达 3000 万 kW 以上。2023 年中共中央办公厅发布《关于深化电力体制改革加快构建新型电力系统的意见》，指出应健全储能等新业态发展机制，发挥储能的系统调节作用，推动新型储能等新技术有序发展，建立健全促进储能发展的市场机制。我国已将新型储能领域作为战略产业和未来产业进行部署，从国家宏观政策、科技产业政策等方面，不断加大支持力度。

新型电力系统建设对新型储能提出迫切需求。"双碳"目标下，新能源呈现跨越式发展，截至 2023 年底，我国新能源并网装机规模达到 10.5 亿 kW，同比增加 38.2%，其中国家电网有限公司经营区装机规模约 8.7 亿 kW，占比约 82.9%。新能源出力存在强不确定性，2023 年日最大波动 2.5 亿 kW，电力系统"潮汐式"运行成为常态。新能源机组调节支撑能力有限、对系统扰动的耐受能力不足，大量替代常规电源导致电力系统稳定基础削弱，电网安全稳定运行面临前所未有的挑战。新型储能具有功率控制和能量搬运功能，可在时间和空间两个维度上，实现能量的快速灵活调节，在新能源并网、电网辅助服务、输配电基础设施服务、分布式及微电网、工商业储能等场景得到广泛应用，是新型电力系统必不可少的环节，在"保安全、保供应、促消纳"方面均可发挥重要作用。

在提升电网安全水平方面，新型储能"其兴可待"。以电化学储能为代表的新型储能具有百毫秒级快速响应能力，在有功功率支撑方面具有显著优势。随着规模化、构网化深入发展，新型储能将进一步发挥抑制频率波动及低频振荡功能，提升电网频率、电压及功角稳定水平。未来，在沙戈荒、海上风电等大型新能源基地开展构网型储能规模化应用，可有效提升电网安全稳定水平。

在保障电力可靠供应方面，新型储能"其时将至"。新型储能是优质的小时级调节资源，可通过电量时空转移对日内短时电力电量平衡起到一定支撑作用。目前而言，配置 4～6h 新型储能后，部分省份负荷高峰时段保供需求可得到基本满足。随着原材料价格回落，产业规模化效应持续显现，应用成本有望进一步降低，储能配置时长将逐步向抽水蓄能看齐，新型储能将充分发挥"削峰填谷"作用，成为电力保供的重要支撑手段。

在促进新能源消纳方面，新型储能"其势将成"。新能源配储政策是目前推动储能装机快速增长的主要动力。在已投运储能装机中，43% 以上为新能源配储。近年来，新能源波动随装机容量增大而不断增加。未来，随着调节缺口扩大，新型储能的需求将进一步激增，在促进新能源消纳方面的作用也将进一步凸显。

现阶段新型储能多元化蓬勃发展，机遇和挑战并存。新型储能中锂离子电池储能占绝对主导地位，液流电池储能、压缩空气储能、飞轮储能等继续保持快速发展，钠离子电池储能等陆续开展示范应用。新型储能已在能源、交通等行业应用广泛，但也面临安全、寿命、适应性、经济性、标准化、市场机制等痛点、短板和堵点。此外，新型储能原材料瓶颈导致价格波动，欧美国家构建碳关税壁垒，盈利模式、调用机制尚不完善，成本疏导模式尚需探索，与各类应用场景需求尚待融合，系统性科学规划不足、整体利用率不高、价值发挥不充分等问题亟待解决，行业发展正面临前所未有的机遇和挑战。

本报告由中国电力科学研究院牵头编制，在国家能源集团、国家电投、中国华能、中国科学院物理所、中国科学院工程热物理所、清华大学、北京理工大学、华北电力大学、比亚迪、阳光电源、中科海钠等新型储能创新联合体单位的大力支持下，从新型储能发展现状、核心材料及关键技术、安全防护及全流程管控，标准化建设等方面论述，并对新型储能在电力系统的发展趋势和演进形态进行预测，为新型储能健康安全有序发展提供决策参考。

编者

2024 年 4 月

CONTENTS

目 录

新型储能发展现状

本章节主要从政策环境、发展规模、科技研发和技术现状等方面全面梳理并分析了新型储能发展现状。

1.1 新型储能政策环境分析

1.1.1 国家层面

国家已出台《关于加快推动新型储能发展的指导意见》《"十四五"新型储能发展实施方案》《新型储能项目管理规范（暂行）》等一系列政策，基本形成了支持新型储能发展的政策架构，明确了发展规划、项目管理、市场机制、电价政策等方面的导向，推动新型储能行业快速和健康发展，同时强调严把储能安全关，杜绝"带病并网"。

1 发展规划

国家系列政策逐步明确了新型储能的关键地位和发展方向。

2017 年 10 月，国家发展改革委、国家能源局等五部门联合印发《关于促进储能技术与产业发展的指导意见》，首次明确了储能技术与发展的重要意义、总体要求、重点任务和保障措施，是我国第一个储能产业发展指导纲领。为了进一步推进储能项目示范和应用，加快推进储能标准化，国家发展改革委、国家能源局等四部门于 2019 年 6 月联合印发《贯彻落实〈关于促进储能技术与产业发展的指导意见〉2019–2020 年行动计划》。

2021 年 7 月，国家发展改革委、国家能源局联合印发了《关于加快推动新型储能发展的指导意见》（以下简称《指导意见》），提纲挈领指明了新型储能发展方向，要求强化规划的引领作用，加快完善政策体系，加速技术创新；明确到 2025 年，实现新型储能从商业化初期向规模化发展转变，装机规模达 3000 万 kW 以上，到 2030 年，实现新型储能全面市场化发展。

2022 年 2 月，国家发展改革委、国家能源局联合印发了《"十四五"新型储能发展实施方案》（以下简称《实施方案》），在《指导意见》的基础上，《实施方案》明确了新型储能的关键地位，进一步明确发展目标和细化重点任务，提升规划落实的可操作性，旨在把握"十四五"新型储能发展的战略窗口期。《实施方案》提出新型储能是构建新型电力系统的重要技术和基础装备，是实现碳达峰碳中和目标的重要支撑。《实施方案》要求，到 2025 年，新型储能由商业化初期步入规模化发展阶段，具备大规模商业化应用条件，并从技术创新、试点示范、规模发展、体制机制、政策保障、国际合作等六大重点领域对"十四五"新型储能发展的重点任务进行部署。

2023 年 6 月，国家能源局发布《新型电力系统发展蓝皮书》首次提出建设新型电力系统的总体架构和重点任务，并制定了"三步走"发展路径。其中，储能侧在加速转型期（当前至 2030 年）要实现多应用场景多技术路线规模化发展，满足系统日内平衡调节需求；在总体形成期（2030～2045 年）实现规模化长时储能技术取得突破，满足日以上时间尺度平衡调节需求；在巩固完善期（2045～2060 年）实现覆盖全周期的多类型储能协同运行，能源系统运行灵活性大幅提升。

总体来说，《指导意见》和《实施方案》均提出要推进新型储能市场化和规模化发展，后者明确了新型储能的关键地位，淡化发展规模，突出了开展多元化技术攻关、稳妥推进产业化进程、加快市场化步伐和健全管理体系等要求，体现了从"重规模"到"强内功"的转变。

2　项目管理

政策明确加强储能项目（特别是电化学储能电站）的管理，提升建设运行水平。

2021 年 7 月，《关于加快推动新型储能发展的指导意见》要求电网企业积极优化调度运行机制，充分发挥储能作为灵活性资源的功能和效益；明确地方政府相关部门新型储能行业管理职能，协调优化储能备案办理流程、出台管理细则；推动建立储能设备制造、建设安装、运行监测等环节的安全标准及管理体系。

2021 年 9 月，国家能源局印发《新型储能项目管理规范（暂行）》，要求新型储能项目管理坚持安全第一、规范管理、积极稳妥原则，明确国家和地方能源主管部门的职责范围，细化规划布局、备案要求、项目建设、并网接入、调度运行、监测监督等相关规定，进一步推动新型储能有序、安全、健康发展。

2022 年 1 月，国家能源局、国家市场监督管理总局联合印发《电化学储能电站并网调度协议示范文本（试行）》，主要针对电化学储能电站并入电网调度运行的安全和技术问题，设定了厂网双方应承担的基本义务、必须满足的技术条件和行为规范。

2022 年 3 月，《"十四五"新型储能发展实施方案》要求加快建立新型储能项目管理机制，规范行业管理，强化安全风险防范，落实《新型储能项目管理规范（暂行）》等相关政策。

2022 年 4 月，国家能源局综合司印发《关于加强电化学储能电站安全管理的通知》，提出了电化学储能电站安全管理、规划设计、施工验收、并网验收、运行维护、应急消防处置等环节的安全要求。

2023 年 11 月，国家能源局综合司印发《关于加强发电侧电网侧电化学储能电站安全运行风险监测的通知》，要求进一步加强电化学储能电站安全管理，强化发电侧、电网侧电化学储能电站安全运行风险监测及预警，保障电力系统安全稳定运行。

总体来说，项目管理政策文件提出了储能项目规划引导、备案建设、并网运行、监测监督等方面的原则性要求，为规范储能项目管理提供依据，但缺乏配套的管理细则，指导具体工作还有不足。储能电站安全管理的突出问题是消防设计审核和消防验收的责任主体和管理程序不明确，实际工作难以开展。

新型储能关键政策时间轴如图 1-1 所示。

图 1-1　新型储能关键政策时间轴

3 市场机制

政策明确鼓励储能通过电力市场疏导成本、获取收益，市场机制持续完善。

2017 年 11 月，国家能源局发布了《完善电力辅助服务补偿（市场）机制工作方案》，明确鼓励储能设备参与提供电力辅助服务。

2021 年 7 月，《关于加快推动新型储能发展的指导意见》提出了"明确新型储能独立市场主体地位""健全新型储能价格机制""健全'新能源 + 储能'项目激励机制"等任务。

2022 年 2 月，在《指导意见》的基础上，《"十四五"新型储能发展实施方案》提出加快推进电力市场体系建设，明确新型储能独立市场主体地位，营造良好市场环境；研究建立新型储能价格机制，研究合理的成本分摊和疏导机制；创新新型储能商业模式，探索共享储能、云储能、储能聚合等商业模式应用。

2022 年 6 月，国家发展改革委、国家能源局联合印发了《关于进一步推动新型储能参与电力市场和调度运用的通知》，要求建立完善适应储能参与的市场机制，鼓励新型储能自主选择参与电力市场，坚持以市场化方式形成价格，持续完善调度运行机制，发挥储能技术优势，提升储能总体利用水平，保障储能合理收益，促进行业健康发展。

2023 年 9 月，国家发展改革委、国家能源局联合印发了《电力现货市场基本规则（试行）》，标志着我国电力现货市场已从试点探索过渡到全面统一推进阶段，文件强调"推动储能等新型经营主体参与交易"。

2023 年 10 月，国家发展改革委、国家能源局联合印发了《关于进一步加快电力现货市场建设工作的通知》，鼓励新型主体参与电力市场。通过市场化方式形成分时价格信号，推动储能等新型主体在削峰填谷、优化电能质量等方面发挥积极作用，探索"新能源 + 储能"等新方式。持续完善新型主体调度运行机制，充分发挥其调节能力，更好地适应新型电力系统需求。

总体来说，新型储能市场机制总体处于改革探索阶段，相关机制建设滞后于储能快速发展，目前整体呈现出从单一交易品种到多元化交易品种、价值体现更加全面的发展趋势。相较于国外先对成熟的市场机制，我国仍处于跟跑状态。

4 电价政策

政策要求健全分时电价、扩大峰谷价差，为新型储能发展创造更大空间。

2021 年 7 月，国家发展改革委、国家能源局联合印发《关于加快推动新型储能发展的指导意见》，首次要求健全新型储能价格机制，建立电网侧独立储能电站容量电价机制，逐步推动储能电站参与电力市场；研究探索将电网替代性储能设施成本收益纳入输配电价回收；完善峰谷电价政策，为用户侧储能发展创造更大空间。同月，国家发展改革委、国家能源局又联合印发《关于鼓励可再生能源发电企业自建或购买调峰能力增加并网规模的通知》，鼓励新能源配置储能，支持优先并网，通过新能源电价等方式疏导储能成本。

2022 年 3 月，国家发展改革委、国家能源局正式印发《"十四五"新型储能发展实施方案》（以下简称《实施方案》），在指导意见的基础上，进一步要求完善电网侧储能价格疏导机制，逐步推动储能电站参与电力市场。《实施方案》还要求加快落实分时电价政策，建立尖峰电价机制，拉大峰谷价差，建立与电力现货市场相衔接的需求侧响应补偿机制，增加用户侧储能的收益渠道。

2022 年 6 月，国家发展改革委办公厅、国家能源局综合司联合印发《关于进一步推动新型储能参与电力市场和调度运用的通知》（以下简称《通知》），要求加快推动独立储能参与电力市场配合电网调峰，并规定独立储能电站向电网送电的，其相应充电电量不承担输配电价和政府性基金及附加。《通知》还鼓励进一步拉大电力中长期市场、现货市场上下限价格，进一步支持用户侧储能发展。

总体来说，目前电源侧和用户侧支持政策已经明确，电网侧价格政策可操作性有待完善，现有政策尚未允许将新型储能纳入输配电价核价范围，更未明确认定程序、核价方式及参数等细则。

1.1.2 地方层面

目前，地方省市自治区根据地区发展的实际需要均出台新型储能相关政策，主要对新能源配储、目标装机规模和电力市场等方面做了更加详细的规定。

在新型储能规划方面，截至 2023 年 12 月，全国共有 22 个省（直辖市）、自治区提出"十四五"期间的发展目标。其中，西北和华北新型储能目标装机规模达 500 万～600 万 kW，均超过其他地区，主要原因是华北和西北地区风光资源丰富，地区集中式光伏和风电装机规模发展迅速。根据国家能源局数据，2022 年华北和西北集中式光伏新增和累计装机占比分别是 43% 和 51%。

在新能源配储方面，目前大部分省（直辖市）、自治区均出台相关政策，一般规定配置比例为 10%～20%，储能时长为 2～4h。在区域电网相对薄弱、可再生能源调度消纳能力较弱的省市自治区，政策倾向于提高配储比例和储能时长。比如，西藏自治区规定新能源配置储能规模不低于项目装机容量的 20%，储能时长不低于 4h，并按要求加装构网型装置。西藏自治区那曲色尼区 120MW 光伏储能配置比例已经达到 25%/4h，储能系统能够储存光伏 1h 发电产生的全部电量，单个光伏项目配储容量之大，超过其他地区。

在市场机制方面，截至 2023 年 12 月底，14 个省建立了现货市场，其中 6 个省允许储能准入；18 个省建立了调峰辅助服务市场，其中 10 个省允许储能准入；11 个省建立了调频辅助服务市场，其中 7 个省允许储能准入。山东对储能的容量补偿机制进行了探索和尝试，2022 年山东省印发《关于电力现货市场容量补偿电价有关事项的通知》，是全国首个提出对独立储能进行容量补偿的地区；2023 年 7 月山东省印发《关于支持长时储能试点应用的若干措施》，成为全国首个支持长时储能的地区，该文件规定列为试点的长时储能项目参与电力现货交易时，其补偿费用暂按其月度可用容量补偿标准的 2 倍执行，成为全国首个支持长时储能的地区。2021 年 12 月，甘肃发布《甘肃省 2022 年省内电力中长期交易实施细则》，规定高峰时段申报价格不低于平段申报价格的 150%，低谷时段申报价格不高于平段申报价格的 50%。2022 年 1 月，福建印发《2022 年福建省电力中长期市场交易方案》，规定购电侧市场主体交易电价为平时段购电价，峰时段购电价为交易电价上浮 60%，谷时段购电价为交易电价下浮 60%。

在补贴政策方面，地方省（市）自治区主要通过三种方式对储能项目进行补贴。第一种方式是按储能系统能量直接给予奖励，比如河南省对规模在 0.1 万 kWh 以上的新能源配建非独立储能和用户侧非独立储能给予一次性奖励，2023 年、2024 年、2025 年分别奖励 140 元/kWh、120 元/kWh、100 元/kWh。第二种方式是按照放电量给予补贴，比如安徽合肥、江苏无锡、广东东莞三市提出对不小于一定规模（0.1 万 kW 或 0.2 万 kWh）的新型储能项目，自投运次月起按放电量给予投资主体不超过 0.3 元/kWh 补贴，累计不超过 2 年，最高 300 万至 500 万元不等，相关费用由财政列支。第三种方式是按投资的百分比给予资助，比如深圳市对符合条件的项目按实际投资的 20%，单个项目给予最高 1000 万元资助。

1.2 新型储能发展规模及应用情况

1.2.1 装机规模

我国电力储能装机规模快速增长，根据中关村储能产业技术联盟（China energy storage Alliance，CNESA）数据，截至 2023 年底，中国已投运电力储能项目累计装机超过 86.5GW，同比增长 45%，新型储能累计装机占比约 40%❶。

我国新型储能装机规模增长迅猛，根据 CNESA 数据，截至 2023 年底，中国已投运新型储能累计装机 34.5GW/74.5GWh，同比增长超过 150%，新增投运新型储能装机 21.5GW/46.6GWh，三倍于 2022 年新增投运规模水平。

我国新型储能新技术不断涌现，技术路线"百花齐放"。锂离子电池储能仍占绝对主导地位，占比超过 97%，其集成规模向吉瓦级发展；压缩空气储能和液流电池储能占比均为 0.6%，都实现了百兆瓦级工程应用示范；飞轮储能、钠离子电池等其余类型储能规模占比较小，仍处于小容量试点示范阶段。

中国新型储能装机容量和年增长率如图 1-2 所示，2023 年中国新型储能技术路线占比如图 1-3 所示。

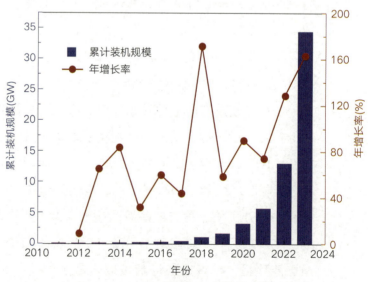

图 1-2 中国新型储能装机容量和年增长率

（数据来源 CNESA）

---

❶ CNESA 数据未将熔融盐储热纳入新型储能。

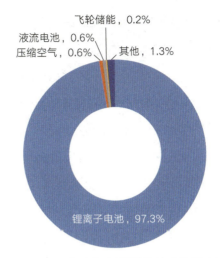

飞轮储能，0.2%

液流电池，0.6%

压缩空气，0.6%   其他，1.3%

锂离子电池，97.3%

图 1-3 2023 年中国新型储能技术路线占比

（数据来源 CNESA）

1.2.2 应用情况

新型储能典型应用场景主要分为电源侧、电网侧和用户侧，目前电源侧和电网侧储能占据主导地位。

（1）电源侧。2023 年新增投运电源侧储能项目主要集中于西北（40.3%）和华北（34.6%）地区，即新疆、内蒙古、青海、甘肃等拥有丰富风力光伏资源储备的省份，华东地区占比 13.6%，西南、华南、华中分别占比 4.7%、4.6%、2.3%。

（2）电网侧。2023 年新增投运电网侧储能项目中，华东地区电网侧项目投运规模最大，其中山东省共有 22 个电网侧项目投运，投运规模为 2.0GW/5.1GWh，占比 61.78%；其次是西北地区，其中宁夏回族自治区共投运网侧项目 11 个，投运规模为 1.4GW/2.8GWh，占比 56.79%；在西南地区，贵州省 2023 年独立储能示范项目并网超过 10 个，规模均在 100MW 及以上；华中地区投运规模达到 2.0GW，其中湖南省一枝独秀，2023 年投运 16 个百兆瓦级电网侧储能项目；华北地区山西、内蒙古、河北多个网侧项目投运，投运规模达到 1.1GW/2.1GWh；华南地区则以广东、广西网侧项目投运为主，投运规模为 836.5MW/1674.6MWh。

2023 年，山东、宁夏、湖南等省份延续着大型网侧储能项目的投运趋势，这些省份鼓励独立共享储能电站发展的政策出台较早，项目试点施行较早。

（3）用户侧。2023 年新增投运的用户侧储能项目主要集中于浙江（22.6%）、江苏（21.7%）和广东（16.2%）等省份。其中浙江工商业储能项目 147 个，总规模为 146.76MW/301.62MWh；江苏省工商业储能项目 37 个，规模则达 141MW/846MWh。

用户侧储能主要以峰谷套利为主要盈利方式，因此各地的分时电价政策及用户侧储能补贴激励对用户侧储能项目的发展有较大影响。浙江发展改革委于 2021 年 10 月 15 日便发布《关于进一步完善浙江省分时电价政策有关事项的通知》，调整尖峰时段、拉大峰谷差价。2024 年 1 月 9 日，浙江发展改革委再次发布《关于调整工商业峰谷分时电价政策有关事项的通知（征求意见稿）》，试行重大节假日深谷电价，并且对大工业用户和工商业用户调节区分峰谷电价浮动比例。

1.3 新型储能研发现状分析

1.3.1 研发部署分析

1 国外研发部署情况

世界主要国家围绕新型储能关键技术革新、关键装备与系统集成、储能工程应用进行部署规划，加快推动产业化和商业化进程。

近年来，美国陆续推出了《储能技术发展路线图》《储能供应链可持续发展政策指南》《电网储能供应链深度评估》《美国关键和新兴技术国家标准战略报告》等战略性文件。2023 年，美国能源部投资 2700 万美元加快储能新技术研发（包括 10h 以上的长时储能技术），研究内容包括长循环寿命锂离子电池储能系统和液流电池储能系统等；投资 3.25 亿美元加快推动长时储能技术开发，包括铁—空储能、热储能和全钒液流电池，旨在提高储能时长、降低成本、提高效能，助力提高清洁能源占比和增强电网弹性；投资 1.92 亿美元推进电池回收技术研发，提出用于收集、分类、存储和运输废旧锂离子电池的创新解决方案，构建关键材料安全、有弹性、可循环的供应链，以满足美国对锂离子电池不断增长新要求。

欧洲电池技术创新平台 2023 年发布了《欧洲电池研发创新路线图》和第三版《电池 2030+ 路线图》。其中，《欧洲电池研发创新路线图》确定了新兴技术、原材料及其回收、先进材料、电池设计和制造、应用与集成——交通、应用与集成——固定储能电池六大研究领域，并提出在短期（2027年）、中期（2030 年）以及长期（2030 年后）的研究内容。

英国近期发布了《英国电池战略》、长时储能激励计划等，其中《英国电池战略》要求加强电池价值链相关技术的研发，包括提高电池性能的人工智能和数字工具、体积更小和容量更大的电池以及改进电池回收技术。英国计划 2030～2050 年间部署 20GW 的长时储能项目来保障能源灵活性，长时储能激励计划支持推动非锂储能技术的研究与创新，主流非锂储能技术包括抽水蓄能、液流电池、金属空气电池、压缩空气储能等。英国自 2021 年起，启动了长时储能示范竞赛，重点包括全钒液流电池、重力储能、储热、压缩空气储能等。

日本于 2022 年发布了《蓄电池产业战略》，明确开发全固态电池以及电池回收技术，提升液态锂电池制造能力，加强低成本、高附加值的电池系统一体化研究。

2 国内研发部署情况

国家能源局、科学技术部、工业和信息化部、国家发展改革委等相关部委发布的相关政策文件，积极支持新型储能科技创新，加快推动产业化进程。国家能源局和科学技术部在 2022 年联合印发的《"十四五"能源领域科技创新规划》中，紧扣"十四五"新型储能功能定位，结合新型储能技术发展现状，围绕能量型 / 容量型储能技术装备及系统集成技术、功率型 / 备用型储能技术装备与系统集成技术、储能电池共性关键技术、分布式储能与分布式电源协同聚合技术等方面进行重点任务的部署，确定了 4 项集中攻关、3 项示范试验和 1 项应用推广，并制定了技术路线图，加快新型储能规模化、高质量发展。

科学技术部于 2021 年启动了国家重点研发计划"储能与智能电网技术"重点专项，旨在通过储能与智能电网基础科学和共性关键技术研究的布局，推动具有重大影响的原始创新科技成果的产生，着力突破共性关键技术；重点突破涉及智能电网、可再生能源大规模接入等重大应用领域的先进储能技术，着力解决储能本质在安全性、效率、性能、规模、成本、寿命、智能监测与控制等方面存在的瓶颈问题，攻克新型高性能储能材料体系、新型储能单元与系统、新型分析方法、新型储能系统全寿命周期应用及回收、智能制造相关的基础难题与关键技术。"储能与智能电网技术"重点专项在 2021～2023 年期间，布局储能相关项目累计约 27 项，分别为 8、11 和 8 项。在项目类型方面，共性关键技术是重点，项目数达 19 项，基础前沿技术为 8 项。在技术路线方面，电化学储能 20 项，物理储能 5 项，另外有多元储能协同控制 2 项。电化学储能相关项目占据主导地位，在基础前沿布局 7 项，本体技术 6 项，系统集成 3 项，工程应用 4 项，目前倾向于关注电化学储能寿命和安全性提升，大容量集成及多场景适应性等相关关键技术问题，随着新型储能本体技术成熟度的进一步提升，预期未来重点专项会逐渐向新型储能技术的绿色回收利用、主动支撑技术，以及储能多元应用模式创新等方面发展。电化学储能国重项目技术布局如图 1-4 所示。

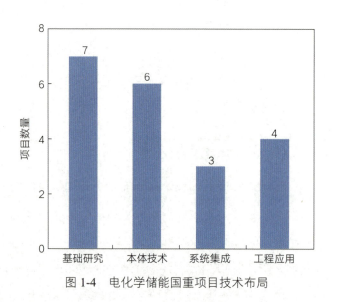

图 1-4　电化学储能国重项目技术布局

1.3.2　基础研究分析

中国新型储能技术 SCI 论文增长趋势强劲，总数量长期处于世界领先地位。图 1-5 为 2010～2022 年世界主要国家关于储能技术发表的 SCI 论文数，其中中国、美国、印度、韩国、德国、英国、澳大利亚、日本、法国、意大利位列前 10 位。自 2010 年以来，世界主要国家发表的储能相关 SCI 论文数均有所增加。其中，中国储能相关 SCI 论文数增长显著，比如 2010 年中国的 SCI 论文数只有美国的约 1/2，2013 年后中国已超过美国成为全球储能相关 SCI 论文数的第一大国，2017 年后中国 SCI 论文数已大幅领先美国。

图 1-5　2010～2022 年世界主要国家储能技术发表 SCI 论文数

（数据来源 Web of Science）

　　我国电化学储能 SCI 论文数占储能主导地位。2022 年，锂离子电池、钠离子电池、液流电池、压缩空气和飞轮储能等新型储能相关 SCI 论文一共发表 3804 篇，约为抽水蓄能 31 倍（见图 1-6）。我国电化学储能相关的 SCI 论文数明显高于物理储能，电化学储能是新型储能的研究热点。

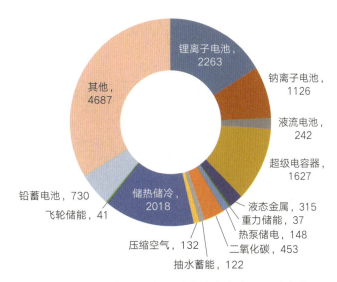

图 1-6　2022 年中国主要储能技术发表 SCI 论文数

（数据来源 Web of Science）

1.3.3　知识产权分析

　　中国储能技术发明专利申请数呈现快速增长态势。如图 1-7 所示，2010～2022 年中国储能技术发明专利申请呈现快速增长的态势，2022 年专利申请数为 47406 件，相较于 2010 年增长近十倍。根据世界知识产权数据库（WIPO）的统计，2010~2022 年申请储能技术发明专利的主要国家为美国、中国、德国、日本、法国、韩国、英国和瑞士（见图 1-8）。从总体趋势上看，除中国外，其他 7 个国家的储能国际发明专利申请数均基本稳定，而中国储能国际发明专利申请数呈现持续增长趋势，从 2010 年的全球第四位，提升到 2018 年的第一位，并且在此后一直保持世界第一位（不考虑 2022 年滞后数据）。

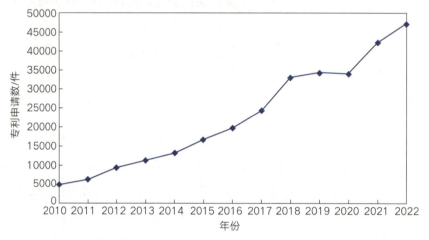

图 1-7　2010~2022 年中国储能技术申请发明专利申请数

（数据来源 incoPat）

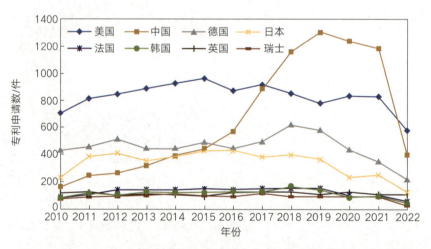

图 1-8　2010~2022 年世界主要国家储能技术 WIPO 国际发明专利申请数

（数据来源 incoPat）

我国电化学储能发明专利申请占储能技术主导地位。2022 年，以锂离子电池、钠离子电池、液流电池、压缩空气和飞轮储能为代表的新型储能技术申请发明专利数是 18985 件，约为抽水蓄能的 13 倍（见图 1-9）。通过专利申请的技术构成分析可知，电化学储能申请发明专利数超过 50%，反映出电化学储能技术是新型储能的重要研发方向。

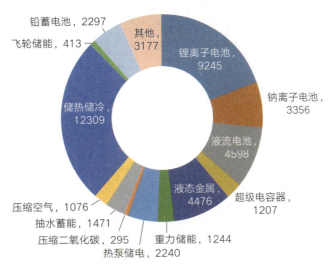

图 1-9   2022 年中国主要储能技术申请发明专利数

（数据来源 incoPat）

1.4   新型储能技术现状分析

1.4.1   整体情况

我国储能产业生态已初步形成，新型储能技术家族不断壮大，多元化发展态势明显。其中，锂离子电池技术处于国际领先水平，产业化程度最高；压缩空气储能、全钒液流电池、飞轮储能等技术处于国际领先或跟跑水平，但技术整体处于工业化到产业化的过渡阶段；钠离子电池储能技术处于国际领先水平，技术整体处于工程示范阶段；液态金属电池、重力储能、水系电池等技术仍处于实验室研发阶段，距规模化示范应用仍有一定距离。

近年来国内外新型储能以长寿命、高安全、高效率、低成本为目标，在基础理论、本体制造、系统集成和工程应用等四方面系统性地开展了大量研究工作，我国新型储能技术体系已经初步建立，整体技术水平与国外处于并跑状态，支撑了新型储能的快速发展。国内外新型储能技术发展现状如图 1-10 所示。

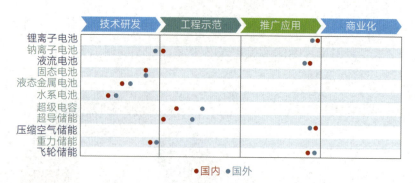

图 1-10　国内外新型储能技术发展现状

1　基础理论方面

发展现状：目前国外在本体材料制备、反应机理等方面具备优势，国内在储能支撑构建电力平衡体系机制等方面探索更为深入。

发展趋势：强化储能寿命衰减及安全机理、多元储能协同控制等领域理论研究成为发展趋势。

技术风险：国外储能基础理论相关知识产权布局较为完善，存在潜在竞争壁垒。

2　本体制造方面

发展现状：国外在本体材料、核心部件等技术领域拥有先发优势，国内在储能装备、应用市场等产业培育方面较为突出。

发展趋势：提升储能本体的能量密度、循环寿命、技术经济性等核心指标。

技术风险：管理芯片、功率器件等核心部件存在"卡脖子"问题，面临供应中断或延迟的风险。

3　系统集成方面

发展现状：国内外储能整机装备成熟度不高、标准化程度低，安全与质量存在不确定性。

发展趋势：增强系统可靠性与安全性，提升系统集成规模等。

技术风险：国内外安全事故将对技术路线选择和行业发展进程产生重要影响。

4 工程应用方面

发展现状：中国、美国以电网独立储能、新能源配储等场景为主；欧洲主要为用户侧屋顶光伏配储场景。

发展趋势：扩展沙戈荒新能源基地送出、工业绿色微电网等跨行业应用场景。

技术风险：市场机制研究滞后于发展需求，导致应用场景受限、发展速度减缓。

1.4.2 技术成熟度

本报告根据新型储能技术的技术研发和发展规模、产业化就绪度及商业化前景等方面，重点选取锂离子电池储能、钠离子电池储能、液流电池储能、压缩空气储能、飞轮储能等开展技术成熟度分析。从基本原理，到可行性验证，再到型式试验，最后到规模化推广应用，可将技术成熟度划为以下9个等级。技术成熟度等级划分见表1-1。

表1-1 技术成熟度等级划分

序号	等级名称
1	发现支撑该技术研发的基本原理
2	提出基本原理的应用设想
3	关键功能通过可行性验证
4	系统关键技术得到实验环境验证
5	关键部件完成功能测试
6	原型样机通过验证
7	工程样机通过型式试验
8	产品挂网试运行
9	产品规模化推广应用

锂离子电池储能：以磷酸铁锂电池为代表的锂离子电池储能具有能量效率高（85%～90%）、响应速度快、循环次数较长（6000～8000次）、布局灵活、应用范围广、综合性能强等优势，技术相对成熟，随着高安全集成技术、固态电池的突破提升，在热失控防控等方面也在逐步改善。锂离子电池储能相关标准和管理体系基本健全，关键部件可开展型式试验，电站接入电网技术要求和测试方法明确，整机产品标准正在制定，初步具备了规模化应用条件，已建成并投运多个百兆瓦级电站，建设规模正向吉瓦级迈进，可在

调峰、调频、平滑功率输出、紧急功率支撑等场景应用。

钠离子电池储能：钠离子电池的工作原理、制造工艺及电化学性能同锂离子电池相似，材料理论成本相较磷酸铁锂电池可降低 24%，且能与锂离子电池产业基础相兼容。但现阶段能量密度、循环寿命、安全性能等技术指标有待突破，需在低成本正负极材料体系、大容量电池制造技术等方面开展攻关。钠离子电池储能关键技术已完成实验环境验证，部分部件已完成功能测试，尚未建立钠离子电池相关标准，处于小规模试验验证阶段，建有百千瓦级的工程示范应用。

液流电池储能：以全钒体系为代表的液流电池具有功率和容量设计相互独立、循环次数长（大于 10000 次）等优势，存在能量效率较低（60%～70%）、能量密度低等问题，相比其他电化学储能增加了管道、泵、阀、换热器等辅助部件，系统复杂，可靠性问题较为突出，存在漏液、腐蚀等风险。全钒液流电池储能关键部件可开展型式试验，原型样机已通过验证，整机产品标准有待制定，目前处于百兆瓦级工程示范应用阶段。随着产业发展规模化水平不断提升，液流电池将成为大容量储能技术的选择之一，可在调峰等场景下得到应用。

压缩空气储能：以非补燃先进压缩为代表的压缩空气储能具有单机功率大（10～300MW）、容量大、循环寿命长（30～50 年）等优势，存在能量效率低（40%～70%）、响应速度慢、建设周期较长（12～18 个月）、高压爆炸风险、洞穴式存储受地理条件限制等问题。随着高效储热／冷及换热技术，多级高负荷压缩机／膨胀机技术的发展，能量效率更高、不受地理条件约束、变工况下稳定高效运行的先进压缩空气储能技术是未来发展方向。压缩空气储能关键部件已通过功能测试，整机产品及并网接入等相关功能正在开展测试验证，相关国家标准有待制定，目前处于百兆瓦级示范应用阶段，未来有望成为技术经济可行的大容量储能技术之一，可在调峰等场景下得到应用。

飞轮储能：飞轮储能具有功率密度大、响应速度快、循环寿命长（20～25 年）、能量效率高（约 85%）等优势，存在能量密度低、容量小、自放电率高、高速飞轮脱落风险等问题。未来重点研究复合材料飞轮转子、组合式磁轴承、高速高效电机等技术，实现更高转速、更大功率和更长放电时间的高速先进飞轮储能系统。飞轮储能关键部件已完成功能测试，原理样机已通过验证，并网接入相关功能正在开展测试验证，相关国家标准有待制定，单机功率从百千瓦向兆瓦级发展，放电时长从秒级向十分钟级发展，处于短时调频的示范应用阶段，可在火电或新能源场站联合调频等场景得到应用。

1.4.3　技术经济性

本报告对比分析了锂离子电池储能、钠离子电池、液流电池储能、压缩空气储能和飞轮储能的建设成本和度电成本，并展望了5种路线2030年的技术经济性。

锂离子电池储能：目前系统建设成本约为1000~1600元/kWh**❶**，度电成本约为0.4~0.6元/kWh**❷**，为抽水蓄能的2~3倍左右。未来随着锂离子电池产业规模化效应持续凸显，电池材料及制备技术进一步突破，预计2030年锂离子电池储能系统成本将降低60%以上，度电成本约0.15~0.2元/kWh，较抽水蓄能具备成本优势**❸**。

钠离子电池储能：目前产业化程度较低，系统建设成本约为2500~3500元/kWh，度电成本高于0.9元/kWh。随着技术进步和产业成熟，其原材料价格优势将显现，预计2030~2035年间度电成本有望接近甚至低于锂离子电池（约0.15~0.2元/kWh），较抽水蓄能具备成本优势。

全钒液流电池储能：关键材料和部件还未实现大规模商业化，系统建设成本约为3500~4000元/kWh，度电成本约为0.6元/kWh。受限于钒电解液成本降低空间有限等因素，预计2030年其度电成本约为0.5元/kWh，仍将高于抽水蓄能。

非补燃先进压缩空气储能：关键设备已实现国产化，系统建设成本约1000~2000元/kWh，度电成本约0.5~0.6元/kWh。受限于储热罐、压缩机和膨胀机关键设备成本降低空间有限等因素，预计2030年度电成本约为0.35元/kWh，略高于抽水蓄能。

飞轮储能：属于功率型储能，大功率飞轮储能的核心部件还未实现商业化，系统建设成本3000~5000元/kW（以单位功率成本进行衡量），受限于飞轮本体及轴承等部件成本降低空间有限等因素，预计其功率成本2030年降低10%~20%。

电力储能技术综合性能对比表见表1-2。

---

❶ 储能系统建设成本与所能存储的电能量（装机规模和持续时长之积）密切相关，通常采用单位能量建设成本进行衡量，即元/kWh。

❷ 全寿命周期度电成本=（项目初期投资−全寿命周期内因折旧导致的税费减免的现值＋全寿命周期内因项目运营导致的成本的现值−固定资产残值的现值）/（全寿命周期内发电量），后文简称度电成本。

❸ 预计2030年，抽水蓄能度电成本将达0.26~0.31元/kWh。

表1-2　电力储能技术综合性能对比表

类别	技术类型	集成功率等级		效率(%)	响应时间	服役年限或充放次数		系统功率成本（元/千瓦）		系统能量成本（元/千瓦时）		安全特性
		2022年	2030年			2022年	2030年	2022年	2030年	2022年	2030年	
物理储能	抽水蓄能	吉瓦级	吉瓦级	75~80	分钟级	>50年	>50年	/	/	900~1200	约1000	施工爆破、山体滑坡、溃坝等风险
	非补燃先进压缩空气储能	百兆瓦级	吉瓦级	40~70	分钟级	30~50年	30~50年	/	/	1000~2000	约1000	高压气体风险
	飞轮储能	兆瓦级	十兆瓦级	>85	毫秒级	20~25年	20~25年	3000~5000	2000~4000	/	/	旋转机械风险
电化学储能	磷酸铁锂电池	百兆瓦级	吉瓦级	85~90	毫秒级	6000~8000次	>13000次	700~1000	400~600	1400~2000	500~700	热失控风险
	全钒液流电池	百兆瓦级	吉瓦级	70~75	毫秒级	10000~15000次	>20000次	/	/	3500~4000	2500~3000	电解液泄露风险
	钠离子电池	兆瓦级	百兆瓦级	80~90	毫秒级	4000~6000次	>10000次	/	/	2500~3500	700~1000	热失控风险

Chapter 2

新型储能关键技术

本章节详细介绍了锂离子电池储能、钠离子电池储能、液流电池储能、压缩空气储能、飞轮储能五种新型储能技术，主要包括储能本体技术、系统集成技术、建模仿真技术、运行控制技术及规划配置技术，系统性地阐述了新型储能的关键技术发展现状及其未来发展趋势。

2.1 本体制造技术

2.1.1 锂离子电池储能

1 技术概况

锂离子电池由正极、负极、电解液和隔膜四大要素组成。锂离子电池通过锂离子在正负极中的嵌入和脱嵌实现充放电。锂离子电池能量密度较高、寿命长，成为电化学储能的主流路线。

根据正极材料的不同，锂离子电池又分为钴酸锂、锰酸锂、磷酸铁锂和三元电池等。磷酸铁锂电池能量密度较高，安全性、使用寿命和成本均优于其他电池类型，因此其在储能领域应用中综合优势显著。不同锂离子电池单体性能对比见表 2-1。

表 2-1 不同锂离子电池单体性能对比

技术参数	LiFePO$_4$	LiMn$_2$O$_4$	LiCoO$_2$	三元镍钴锰
比容量（mAh/g）	150～170	100～120	135～150	155～220
能量密度（Wh/kg）	170～210	130～160	170～200	210～270
循环寿命（次）	8000～12000	500～2000	500～1000	2000～3000
环保	无毒	无毒	钴有放射性	镍钴有毒
安全	好	较好	差	较差
适用温度（℃）	−20～55	−20～55	−20～55	−20～55
单体造价（元/Wh）	0.33～0.50	0.30～0.45	1.30～1.60	0.45～0.53

2 发展趋势

成本方面，2023 年由于面临着碳酸锂价格下行和供应过剩的双重困境，锂电池电芯价格接近历史最低水平。发展趋势上，锂离子电池的发展主要受原材料开采和冶炼、电池材料合成和改性、应用领域及产业规模、电池回收和再利用、智能制造水平等多方面因素影响，未来研究方向将主要集中在改善安全性、提升循环次数和能量密度，以及降低成本方面，包括开发超长寿命高安全性储能锂离子电池，优化设计和制造工艺，从材料、单体、系统等多维度提升电池全生命周期安全性和经济性，推进高能量密度电池、高功率电池、高安全固态电池及宽温域电池等研发和应用。

（1）电池本体材料。正极材料方面，磷酸铁锂的改性，未来主要以提高能量密度和降低成本为主，如采用同晶型高容量材料混合的磷酸锰铁锂，或寻找新的掺杂物质如稀土元素等。

负极材料方面，低成本、高安全性和高比能量是未来主要的发展方向。例如在石墨材料中加入硅，制备硅碳复合材料，能够有效提高负极材料的能量密度，比容量可达 400~600mAh/g。

隔膜材料方面，研发的重点仍将是提高隔膜的安全特性，在高性能湿法隔膜技术基础之上，重点开发高安全性涂覆技术，对隔膜材料表面进行表面改性处理以提升综合性能。

电解液方面，未来的重点研发方向以宽温度范围和高功率为主，结合产业的发展需求，包括高压电解液、长循环铁锂电解液、快充电解液、高镍和硅碳适配性电解液等。

（2）电池本体制造。锂离子电池的高容量和系统高集成度是制造技术发展的核心目标之一。

电池单体容量方面，电芯容量正从 280Ah 向 300Ah 甚至更高进行迭代。从需求端来看，280Ah 电芯的渗透率已经超过 50%，300Ah 电芯的关注度快速上升。

制备工艺方面，基于储能产品在更安全、更长循环寿命、更稳定、更低全生命周期成本等方面的核心诉求，叠片工艺在 300Ah 及以上容量电芯加速渗透。叠片技术可实现系统简化，PACK 零部件数量减少，生产效率提高，电池集成度提升。

（3）固态锂离子电池。电池本体安全技术是未来产业关注的焦点。固态储能锂电池通过降低有机液体含量、以固态电解质取代或部分取代液态电解质，从本征上解决锂离子电池高温起火的安全问题，大幅提升电池安全性能。当前固体电解质制备技术及固—固界面问题等都还未取得突破，其生产技术、工艺及成本仍是全固态电池当下面临的挑战。

2.1.2 钠离子电池储能

1 技术概况

钠离子电池的构成主要包括两种不同的钠嵌入性正负极材料、隔膜、电解液等。钠离子电池的工作原理、制造工艺及电化学性能同锂离子电池相似，也是一类"摇椅式电池"，隔膜和电解液要与正负极材料体系选择性匹配使用。钠资源来源丰富，钠离子电池材料理论成本相较磷酸铁锂电池可降低 24%，且能与锂离子电池产业基础相兼容，但是钠离子电池的能量密度低于锂离子电池。

2 发展趋势

当前，钠离子电池尚处于从实验室研发走向产业化的过渡阶段，其面临的瓶颈问题在于现有的电池材料体系仍不成熟，存在的主要问题包括：现有正极材料体系存在空气稳定性差、充放电过程中结构稳定差等问题，负极材料体系存在储钠比容量低、容量衰减、枝晶、电极粉化脱落等问题，正极 / 电解质及负极 / 电解质界面稳定性不高。核心材料性能的制约，使得钠离子电池在循环寿命、比能量等关键指标方面仍难以满足规模化应用要求。

未来应聚焦电池低成本和高安全性，加强硬碳负极材料等正负极材料、电解液等主材和相关辅材的研究，开发高效模块化系统集成技术，加快钠离子电池技术突破和规模化应用。

（1）电池本体材料。正极材料是钠离子电池中的性能决定因素以及成本决定因素，因此，发展正极材料是发展钠离子电池的根本。目前正极材料有普鲁士蓝、聚阴离子和层状氧化物这三种主流体系。不同钠离子电池性能比较见表 2-2。

表 2-2 不同钠离子电池性能比较

正极材料	层状氧化物 NaM$_x$O$_2$	普鲁士蓝材料 Na$_x$PR(CN$_6$)	聚阴离子化合物 NaFePO$_4$
负极材料	硬碳 / 无烟煤软碳	硬碳	硬碳
材料能量密度（mAh/g）	100～155	120～160	90～130
工作电压（V）	2.5～3.5	3.0～3.5	3.0～4.5
理论循环寿命（次）	4500	3000	5000
高低温性能（℃）	−40～80	−20～40	−40～55
成本	低	低	较高
倍率性能	低	中	高

层状氧化物以铜铁锰基层状氧化物体系为例，其拥有超过 200mAh/g 的理论容量，该正极材料不含锂离子电池广泛使用的贵金属和过渡金属元素，在空气中就可以合成并且在空气中稳定，铜的加入能够在材料层面提升材料的空气稳定性和循环稳定性，降低材料使用成本，提升电芯的性价比，与此同时避免了湿法共沉淀路线生产普鲁士蓝类正极材料带来的污水处理和排放问题，产业化前景较为广阔。

普鲁士蓝体系通常由金属有机骨架组成，晶体结构稳定、碱离子空间大、合成成本低，其框架结构有利于钠离子的快速迁移，从而实现大电流输出特性。但也存在理论比容量低的问题，未来容量方面难以有效提升，同时受限于电子电导问题，需要纳米化或者小颗粒化，压实密度难以提升。因此其能量密度提升空间很小，发展潜力小。同时因为其含有氰基，一方面上有原料因为带有毒性受到管控难以大规模生产；另一方面，电池在滥用导致失控时会产生剧毒氰化物，安全隐患巨大。结晶水问题也非常突出，将对循环性能带来恶劣影响，难以解决。

聚阴离子以磷酸钒钠体系为例，其电压范围窄，电压平台高，同时磷酸盐体系与电解液兼容度高，因此循环性能优异。缺点在于该材料电子电导差，需要降低颗粒尺度同时进行碳包覆，能量密度低。该材料含有钒（V）元素，具有一定毒性的同时价格比较高昂。

负极材料技术路线方面，目前钠离子电池的碳基负极材料主要围绕非石墨类碳材料如软碳、硬碳材料进行。

硬碳材料存在着倍率性能差以及初始库仑效率低的问题。现有的研究工作多集中于通过硬碳前驱体碳源的选择，比如聚丙烯腈、蔗糖等，调控其结构、形貌，改善其倍率、初始库仑效率低的问题，并改善储钠容量。针对库仑效率低的问题，有研究者通过采用外部石墨作为石墨晶体生长的模板与前驱体碳源在 1300℃下调控硬碳材料中的石墨微晶的有序度及缺陷含量，可提升初始库仑效率至 90% 左右。对于增加高倍率下的储钠容量，硬碳材料内碳层间距和孔结构的调控是主要手段。尽管目前硬碳材料具有优异的储钠性能，但其高昂的制备成本限制了钠离子电池的产业化应用。

软碳材料的循环稳定性及倍率性能优异，但储钠容量低，一般在 100～250 mAh/g 左右。由于碳层间距较小，嵌钠机制对于软碳储钠贡献不高，主要以软碳中局部结构缺陷位点对于钠离子的吸附存储为主。钠离子嵌入后软碳会导致材料发生不可逆的局部和宏观结构的膨胀。为了提高软碳的电化学性能，现有研究多通过异质元素、软碳碳层层间距扩展，结合局部结构缺陷位点的调控实现。

（2）电池本体制造。结合钠离子电池的特点，针对性发展及优化电芯设计、极片制备、电解液隔膜选型及电芯评价技术，重点围绕降低非活性物质用量，提升能量密度、循环寿命及安全性能方面开展相关工作。此外，钠离子电池氧化物材料相比锂离子电池氧化物材料，对水分更为敏感，因此未来在原材料储存、涂布以及极片生产过程中需对水分条件进行控制。

（3）电池本体安全技术。钠离子电池在过充、过放、短路、针刺等测试中不易发生起火和爆炸事故。钠离子电池热失控温度更高，在高温环境下容易因为钝化、氧化而不自燃。而且，钠盐电解质的电化学窗口较大，电解质在参与反应的过程中分解的可能性更低，电池系统的稳定性更高。目前，钠离子电池的安全性数据积累还比较缺乏，包括全寿命周期、100%SOC 范围、滥用测试、不同类型的大容量单体等方面还需要进行系统研究，亟需建立有针对性的钠离子电池安全测试标准。

2.1.3　液流电池储能

1　技术概况

技术原理：液流电池是一种可规模化应用的长时储能技术，主要由电堆、循环泵和储液罐等部件组成。当电池工作时，储液罐里的电解液被循环泵传送至电堆中，电解液中的活性材料在电堆电极上发生氧化还原反应，从而完成充放电过程。液流电池的功率和能量相互独立，可通过增加电堆体积和数量来提高功率，同时可通过增加电解液体积和浓度来提高能量，容量配置灵活。

技术路线：液流电池主流技术路线大致分为 3 种：全钒、铁铬和锌溴体系。全钒体系是目前总装机规模最大的液流电池技术，但存在价格昂贵、环境适应性相对较差和毒性等问题；铁铬体系具有低成本、环境适应性较好等优势，但单体开路电压低，导致能量密度较低；锌溴体系具备单体开路电压高、能量密度高等优势，但存在环境适应性相对较差、溴具有腐蚀性和锌枝晶等问题。

不同液流电池体系性能对比见表 2-3。

表 2-3 不同液流电池体系性能对比

性能参数	全钒	铁铬	锌溴
度电成本（元 /kWh）	3500	1100	2100
单体开路电压（V）	1.50	1.07	1.85
适用温度（℃）	5～45	−20～70	−5～40
能量密度（Wh/L）	25	20	60
循环次数	>16000	>10000	30000

2 发展趋势

主要研发方向是发展低成本、高能量密度、安全环保的液流电池，突破液流电池能量效率、系统可靠性、全周期使用成本等制约规模化应用的瓶颈，促进离子交换膜、电极材料等关键部件产业化。

电解液方面：为降低电解液成本、提高反应活性和减缓容量衰退，高稳定、高活性的工业级纯度电解液制备技术和高效催化剂技术是研发重点。

电极方面：为提升电堆能量效率、提高容量保持率、利于批量化制备与产业推广，高反应活性、低制造成本的单体或复合电极制备技术是未来的发展方向。

离子交换膜方面：通过研发高性能、高稳定性、低成本的非氟离子交换膜规模化制备工艺和批量生产技术，进一步降低电池成本、提高电池性能。

电极框方面：电极框是电解液在电堆内循环流动的结构件，为电堆中的各零部件提供支撑和装配位置，同时需满足密封要求。高流动均匀性、高密封性的电极框是未来的发展趋势，通过研发密封结构一体化电极框和简化装配工艺等手段可降低成本。

电堆方面：通过电堆关键材料和结构设计的优化，实现高能量密度、高功率密度、高能量效率、高运行可靠性，并降低电堆成本。

2.1.4　压缩空气储能

1 技术概况

技术原理：压缩空气储能技术将电能转化高压 / 液态空气的内能并存储。储能时，电能将空气压缩、冷却，同时存储该过程中释放的热能，用于释能时加热空气；释能时，空气被加热、加压，推动轮机发电。

技术特点及应用情况：具有单机功率大、容量大、寿命长等优势，是大容量储能的选择之一，适用于电网调峰等应用场景。

技术路线：根据空气的储存状态，及热能（冷能）的回收方式，主要有 3 种技术路线，主要包括传统压缩空气储能、先进压缩空气储能和深冷液态空气储能。

（1）传统压缩空气储能。采用高压气态存储，无热能回收，利用燃料补燃提升效率。运行效率 42%～55%（含天然气补燃）、19%～20%（去除天然气补燃）。传统压缩空气储能将高压气体存储在废弃矿洞或盐洞中，同时还需要天然气管道的接入，工程选址受地理条件限制。典型代表是 1978 年投运的德国 Huntorf（290MW × 2h）和 1991 年投运的美国 McIntosh 补燃式电站（110MW × 26h）。

（2）先进压缩空气储能。采用高压气态存储，高温导热油 / 水储热，无冷能回收。采用多级绝热压缩和回热利用等方式，提高系统效率，设计效率可达 60%～70%。利用洞穴式储气方式可满足百兆瓦级大规模储能需要，但无法摆脱地理条件限制的局限性；高压罐式储气方式可实现地面罐式的规模化存储。典型代表：2021 年 12 月，中国科学院工程热物理所在张家口建成国际首套 100MW 级先进压缩空气储能系统国家示范项目，额定工况设计效率达 70.4%；2022 年 5 月，中盐集团、中国华能和清华大学三方共同开发的江苏金坛盐穴压缩空气储能国家试验示范项目正式投运（60MW × 5h），效率 60.2%。

（3）深冷液态空气储能。将空气液化并存储，同时回收利用压缩过程

中的余热以及膨胀过程中的余冷，以提升系统效率，预期运行效率较低
50%～60%。液态空气能量密度高，是高压储气的20倍，可实现地面罐式
的规模化存储，从而摆脱对地理条件的限制。典型代表是国家电网公司于
2019年在苏州同里的500kW深冷液化空气试验平台。

除上述三种基本路线外，为了提升能量密度和系统效率，基于压缩空气
储能基本原理也衍生出新路线，其中较具代表性的路线有二氧化碳压缩空气
储能、水下压缩空气储能、等温压缩空气储能等。

2 发展趋势

目前，压缩空气储能单机规模正向300兆瓦级发展，持续时长正向6h
及更高发展；未来，压缩空气储能将向更大单机规模、更高热利用与转化效
能、更多储气方式的方向发展。

压缩空气储能在技术研发方面，仍需进一步突破多级、高负荷压缩机／
膨胀机研究与设计，充分利用热（冷）能提升系统效率，以及变工况下系统
的稳定高效运行性能、效率和应用场景协调匹配等技术；在定容储气基础
上，研发定压储气技术以提高高压气体利用效率，减小储气室体积，降低储
气环节造价；加大地下储气的地质勘探力度，提高人工造穴水平，加强工程
设计施工技术研发，形成全套电站建设规范。

2.1.5 飞轮储能

1 技术概况

技术原理：飞轮储能是一种功率型储能技术，主要包括飞轮转子、电
机、轴承、机组壳体、电动／发电控制变流器和辅助设备。在储能阶段，
电动机拖动飞轮，使飞轮加速到一定转速，将电能转化为旋转动能并存
储；在释能阶段，飞轮带动发电机发电，飞轮减速，将动能转化为电能
输出。

技术特点：飞轮储能具有响应速度快、功率密度高、使用寿命长、对环
境友好等优点，存在能量密度低、储能容量小、自放电率高、成本高、高速
飞轮脱落风险等问题。

飞轮储能技术路线：主要有2种技术路线：一类是低速大容量飞轮储能
技术，其主要特点是机械轴承支撑，转速较低，转子惯量大，单机储存能量

高、释放功率达兆瓦级以上；另一类是高速飞轮储能技术，其主要特点是磁悬浮轴承、转速高，大功率高速电机、功率密度高，多机互为冗余备份，形成飞轮储能阵列实现大功率。

2　发展趋势

目前，飞轮储能主要从低速向高速／超高速、机械轴承支承向磁悬浮轴承支承方向发展，功率由兆瓦级向十兆瓦级发展，放电时间由数秒向数分钟发展；高转速、大功率、长放电时间和高安全的飞轮储能系统是未来发展方向。

在技术研发方面，本体技术重点研究复合材料飞轮转子、磁悬浮和超导等高承载力微损耗轴承、高速高效电机，提升飞轮储能功率密度和效率；系统集成方面研究基于先进复合材料的转子能量密度与安全性提升技术，研究飞轮阵列的并联模块化设计，研究大功率高储能量飞轮储能电站技术，及功率控制技术；研究调频调相多目标与飞轮阵列能量管理技术，飞轮储能电站并网应用及电网主动支撑技术。

2.2　系统集成技术

2.2.1　电化学储能系统集成技术

1　集成核心装备

储能的系统集成涉及直流侧的电池系统和交流侧的变流系统，对储能的安全和性能起重要作用。系统集成由系统设计、设备集成、控制策略制定等组成，主要涵盖电池管理系统（BMS）、功率转换系统（PCS）、监控系统（MCS）等关键设备。随着储能在电力系统中的规模化应用，如何对大量的储能设备实现有效的运行控制，使其与传统的发、输、配、用各环节统筹协调成为适应清洁转型的能源系统，是大规模储能健康发展的关键。电化学储能系统集成核心装备表见表 2-4。

表 2-4 电化学储能系统集成核心装备表

集成核心装备名称	功能	存在问题
电池管理系统（BMS）	集合各类传感器采集到的电池电压、温度等基本信息，并通过自身的管理策略和控制算法实现对于电池运行状态的监测、管控和预警功能	抗干扰能力不足；传统安时积分或电化学模型的状态估计算法难以实现电池状态的准确估算；电池管理系统自身安全可靠性能缺乏监管，检测和产品认证力度不足
功率转换系统（PCS）	接收 EMS 系统指令控制储能电池充放电过程的交直流功率变换系统，是储能电池与电网能量交互的桥梁，直接决定储能系统的涉网特性	多机协调运行能力不佳，严重影响了大规模储能系统的动态特性；缺乏高压直流系统绝缘耐压及电池管理的成熟方案
监控系统（MCS）	利用信息技术对储能电站内的储能系统和变电站系统进行实时监控的信息系统，具有功率调度控制、电压无功控制、电池 SOC 维护、平滑出力控制、经济优化调度、优化管理、智能维护及信息查询等功能	目前储能监控系统存在大量专用和私有协议，规约转换环节一方面影响储能电站响应速度，另一方面可能存在严重的信息安全漏洞；调度指令分配策略算法较为单一，难以根据储能单元状态差异进行协调控制，无法保障储能单元一致性，不满足事故及紧急状态下响应需求；储能电站稳态能量和暂态能量的控制技术仍需要进一步完善和优化

2 系统集成技术

　　电化学储能集成应用方式直接影响电池运行一致性、使用寿命、安全特性，是电化学储能规模化安全可靠应用的基础。下面主要从交直流电压等级、电池系统热管理方式、成组方式、厂站结构四个方面进行电化学储能系统集成方式分析。

　　（1）交直流电压等级。国内在运电化学储能电站多采用直流 600～900V、交流 380V 经变压器升压 10kV（35kV）并网方案。近年来，部分厂家推出 1500V 储能高压集成方案，直流 1000～1500V、交流 550V 或 690V 经变压器升压 10kV（35kV）并网。另外，为提升储能能量转换效率，部分商家研发并推出级联高压直挂储能集成方案，储能系统经变流器输出后，可不需变压器直接接入 10kV 或 35kV 电网。储能系统电压等级参数对比表见表 2-5。

表 2-5　储能系统电压等级参数对比表

指标	1000V 低压集成	1500V 高压集成	级联直挂
直流侧电压等级	600～900V	1000～1500V	600～900V
交流测电压等级	380V	550V 或 690V	10kV 或 35kV
技术成熟度	成熟	初步应用	研究示范
安全性	较好	初步验证	有待验证
充放电转换效率	略低	高	较高
占地面积	较大	较小	较小
成本	较高	较低	较高

（2）电池系统热管理方式。热管理技术中冷却方式的选择对电池温升和温差具有较大影响，现有的三种热管理策略中，空气冷却造价最低、技术最成熟，但是对于电池组温升的控制及电池组均一性控制效果有限；液冷相较于风冷成本较高、结构更加复杂，但温升控制效果更佳；相变材料冷却虽然可以实现较好的温度控制，但因为造价高、应用技术不成熟等问题，尚处于实验室验证阶段。

液流电池与其他电化学储能热管理方式有所不同，其中全钒液流电池一般采用常规空调或利用热电厂水源热泵进行冷却。铁－铬液流电池反应温度相对较高，系统无需对外散热，在冬季低温环境下，需对系统开展加热维温，一般采用常规电加热器、热泵机组进行维温加热，在热电厂还可采用电厂蒸汽、电厂供热进行换热维温。

热管理技术参数对比表见表 2-6。

表 2-6　热管理技术参数对比表

热管理模式	制冷			制热		
指标	风冷	液冷	相变材料冷却	热泵	电加热	电厂蒸汽/余热
方式	强制对流	冷却液循环	相变	冷热水循环	热水循环	热水循环
技术成熟度	非常成熟	初步应用	无应用	成熟	非常成熟	非常成熟
设备	1）工业空调 2）风冷管道	1）水冷机 2）液冷管道 3）液冷板	无应用	1）热泵 2）热水管道 3）循环泵	1）加热器 2）热水管道 3）循环泵	1）换热器 2）热水管道 3）循环泵

续表

热管理模式	制冷			制热		
系统温差（℃）	5～8	3～5	无应用	8～10	8～10	8～10
成本	较低	较高	较高	低	高	极低

（3）成组方式。电池成组技术的目标是在保障安全应用的前提下，提升系统安装与维护便利性，保障电池系统的所有单体容量衰减尽可能接近，电池组的寿命能够基本达到单体电池的寿命水平，并尽可能提升系统能量密度与转换效率。目前常用的电池成组方式有模块化串并联方式、CTP（Cell to Pack）方式、组串式。模块化串并联技术最成熟、应用最广泛，其安装成本高、操作风险大的问题可采用厂内预装方式控制解决；CTP 技术可有效提升能量密度、降低成本，但存在机械应力、温场控制、一致性管理、故障维护等问题，目前尚无 CTP 储能产品；组串式技术虽可提升储能智能化控制水平，但成本高、应用规模小、供应商少，尚处于验证阶段。

全钒液流电池与其他电化学储能技术集成架构与成组方式有所不同，目前已形成两种成组模块形式，一种是液流电池成组功率模块集成，外置电解液储罐形式，功率单元与容量单元分开，产品到场就位后连接功率模块与容量模块相关管路即可完成项目现场的产品集成组合；另一种是将功率单元与容量单元全部集成于集装箱撬块内部，形成类似锂电池的全系统电池模块，更便于现场施工安装，集成度更高。

电池成组技术参数对比表见表 2-7，液流电池成组技术参数对比表见表 2-8。

表 2-7　电池成组技术参数对比表

指标	模块化串并联	CTP	组串式
技术特征	以模块为基本单元	以电池簇为基本单元	模组级控制
电池簇模块数量（个）	15～20	1	1～20
技术成熟度	非常成熟	初步应用	初步应用
能量密度	较低	较高	较低
安全性	较高	初步验证	有待验证
成本	高	低	较高

表 2-8　液流电池成组技术参数对比表

指标	功率、容量单元分离式	功率、容量单元集成式
技术特征	容量可定制	标准集成化
电池堆数量（个）	4～8	2～3
储能时长	长	较长
现场安装量	少	较少
技术成熟度	成熟	初步应用

（4）厂站结构。为保障储能系统良好的运行环境和维护条件，国内外电化学储能电站建设主要采用厂房式或预制舱式两种形式。厂房式集成安全可靠，但存在占地面积大、建设成本高、建设周期长、扩容困难等问题；步入式预制舱集成灵活可靠、建设成本低、建设周期短、能量密度高，且整站防护性能较好，技术成熟度高；预制舱分为步入式和非步入式，后者相比于前者的能量密度更高，同时改善了运维环境和维护效率，对运维人员安全保障性更好，但预制舱之间需要保留更多的维护空间，整站空间利用率进一步降低。厂站集成方案参数对比见表 2-9。

表 2-9　厂站集成方案参数对比表

指标	厂房式集成	预制舱式集成	
		步入式	非步入式
厂站特征	建设固定式建筑物	标准集装箱式预制舱，内留过道	标准集装箱式预制舱，内无过道
技术成熟度	成熟	成熟	成熟
能量密度	较低	较高	高
建设周期	长	短	短
成本	较高	较低	较低

2.2.2 压缩空气储能系统集成技术

1 集成核心装备

我国压缩空气储能技术研发示范阶段和推广应用阶段，系统主要核心设备如压缩机、高压储气设备、储热/换热设备以及膨胀发电机等制造业已经具备相当规模，都具有完整的产业，能够满足空气储能系统对部件的性能要求，可以完全实现国产化。

（1）压缩机。压缩机作为压缩空气储能系统的核心部件之一，其性能直接影响系统整体效率和储能经济性。压缩机的性能参数主要有压缩比或出口压力、流量、功率、效率、转速等。尽管压缩空气储能循环与燃气轮机类似，但燃气轮机的压缩比一般小于20，压缩空气储能系统的压缩机压比需达到40~80，甚至更高。因此，通常选用单级压比高、结构紧凑、工作范围较宽的多轴式离心压缩机，并采用多级压缩、级间和级后冷却的结构形式。

（2）高压储气设备。储气设备是限制压缩空气储能规模化应用的最主要环节，其与系统的匹配性将影响储能系统的效率、经济性、运行可靠性与稳定性。目前工程应用的储气设备通常分为地下储气和地上储气设备两大类，有压力容器储气、盐穴储气、人工酮室储气等多种技术路线，大型压缩空气储能系统要求的压缩空气容量较大，通常储气于地下盐矿、硬石岩洞或多孔岩洞等；中小型压缩空气储能系统可采用地上压力容器储气。压力容器储气可借鉴"西气东输"相关工程经验，但是压缩空气的压力等级远高于输气管道，其应力性能还需工程验证并形成标准。盐穴储气、人工酮室储气在油气领域也有工程应用，然而油气领域采用低压储油气，与压缩空气储能要求不尽相同，且地下储气存在较大施工难度和密封难度，因此产业化应用方案有待进一步成熟。压缩空气储能系统储气装置分类见表2-10。

表2-10 压缩空气储能系统储气装置分类

分类方法	类型
储气压力	低压（$0.1\text{MPa}<p<1.6\text{MPa}$）储气装置
	中压（$1.6\text{MPa}<p<10\text{MPa}$）储气装置
储气压力	高压（$10\text{MPa}<p<100\text{MPa}$）储气装置
	超高压（$p>100\text{MPa}$）储气装置

分类方法	类型
可移动性	固定式储气装置
	可移动式储气装置
压力可变性	变压储气装置
	恒压储气装置
存放位置	地下储气装置
	地上储气装置

（3）储热/换热设备。为了提升压缩空气储能系统的综合效率，一般需要设置储热单元。储热单元一般采熔盐、导热油和高压水等作为储换热介质，已经在光热发电领域有较多的工程应用，配套熔盐泵、导热油泵和换热器等也积累了一定产业基础和经验，储热/换热设备已形成了较成熟的产业链，可以支撑压缩空气储能储换热需求。

（4）膨胀机。膨胀机也是压缩空气储能核心部件之一，分为活塞膨胀机和透平膨胀机两类，主要控制参数包括膨胀机进口温度、透平膨胀机出口温度以及膨胀气量等。相较于常规燃气透平膨胀机，压缩空气储能系统中膨胀机的膨胀比更高，在大型压缩空气储能系统中透平一般采用多级膨胀中间再热的结构形式。小型的压缩空气储能系统可以采用微型燃气轮机透平部件、往复式膨胀机或者螺杆式空气发动机。

2 系统集成技术

压缩空气储能系统集成技术包括压缩储能子系统、储热/换热子系统、高压储气子系统、膨胀发电子系统及系统运行控制子系统等。

（1）压缩储能子系统。压缩空气存储是压缩储能子系统的集成核心技术。为了获得较高的储气压力（对应高储能密度），一般采用多级压缩的结构形式。同时，为了防止压缩过程温升过高给压缩机性能带来的负面影响，通常在多级压缩机组的级间和级后增加冷却结构。

当压缩空气储能系统工作在储能状态时，压缩机需要持续不断地向储气装置输送气体，一般储气装置容积是固定不变的，导致压缩机的排气压力必须随储气装置内部压力的升高而升高，压缩机需要在较大压比范围内连续变工况运行。高效的能量转化是储能技术的核心要求，因此，提高压缩机变工况能力，保证压缩机高效变工况运行也是压缩机子系统的关键技术之一。

（2）膨胀机子系统。较高的储气压力决定了压缩空气储能系统的膨胀发电子系统需要满足大膨胀比的工作需求。因而，压缩空气储能系统的膨胀机子系统一般由多级膨胀机组成，并通过级间再热提高膨胀机组的功率密度。多级膨胀机的级间再热温度和膨胀比等参数的合理设计对减少能量损耗、提高储能系统效率具有重要意义。

（3）储热／换热子系统。为了获得更高的储能效率，以压缩热回收利用为基础的压缩空气储能方案已成为主流技术方案，而热能的高效存储利用是压缩空气储能蓄热－换热子系统的关键技术之一。根据储热介质获取和释放热能方式的不同，一般可分为主动式和被动式两类。主动式换热技术的蓄热介质工作状态为流体，在压缩和膨胀过程中，蓄热介质进入分立的换热器与压缩空气进行换热，一般设置热罐和冷罐，分别存储高温储热介质和低温储热介质。被动式换热技术的蓄热介质工作状态一般为固体且固定在蓄热器内，在压缩和膨胀过程中压缩空气进入蓄热器与蓄热介质进行换热，蓄热器同时也作为换热器。

（4）系统运行控制子系统。压缩空气储能系统运行控制子系统，其核心技术主要包括：压缩储能过程中的运行控制技术，涵盖储能启动、运行及停止过程中压缩机功率、转速调节的控制方法，蓄热－换热子系统压缩热回收品质控制方法，压缩储能过程进口导叶、出口扩压器和旁路等联合调节的协调优化控制策略等；膨胀释能过程中的运行控制技术，涵盖释能启动、运行及停止过程中膨胀机转速、并网功率、电压的控制方法，膨胀机级间参数的动态控制方法，膨胀释能过程中进气调阀、入口静叶和出口扩压器等联合调节的协调优化控制策略等；压缩空气储能系统参与电网调节过程的核心参量控制技术，涵盖储能系统本体快速响应控制策略，压缩空气储能系统与其他类型储能的联合快速响应控制策略等。

2.2.3　飞轮储能系统集成技术

1　集成核心装备

系统主要由以下核心组成：飞轮本体、飞轮储能伺服系统、飞轮储能变流器系统、飞轮储能阵列监控系统。

飞轮本体包含飞轮转子、轴承、电机和壳体，飞轮转子是储存能量的本体，通过飞轮的转动进行能量的存储和释放；轴承帮助飞轮转子进行低摩擦转动，降低摩擦损耗；电机帮助飞轮转子进行能量转换，放电时作为发电机，经由飞轮转子的转动向外释放电能，充电时作为电动机，将电能转换为动能带动飞轮转子旋转；壳体可以维护飞轮运行时的低真空环境，飞轮故障时也有一定的保护作用。

飞轮储能伺服系统包含真空系统、润滑系统、监测系统，借助舱室内部的传感器，对舱室内部的温度、转子速度等信息进行监控分析，对于转子失速和内部温度过高等问题进行预警。

飞轮储能变流器由电网侧和电机侧变流器组成，通过交直流电的转化，控制飞轮储能输出的交流电源的频率和电压，还能进行整流和滤波，实现电能质量的优化调节和能量的双向输送。

飞轮储能阵列能量管理系统，与变流器和各节点开关等进行通信，能实现数据采集、处理和控制，通过路由器等设备接受上级能量管理系统的调度，同时通过与系统内部的各个设备的实时通讯进行数据采集、状态监视和控制命令下发。

2 系统集成技术

飞轮储能集成技术主要由飞轮储能能量管理、飞轮储能热管理和飞轮储能阵列拓扑两方面组成。

（1）飞轮储能能量管理。与变流器和各节点开关等进行通信，能实现数据采集、处理和控制，通过路由器等设备接受上级能量管理系统的调度，同时通过与系统内部的各个设备的实时通讯进行数据采集、状态监视和控制命令下发。

（2）飞轮储能热管理。目前对于飞轮储能热管理子系统，可分为被动冷却和主动冷却。

被动冷却是强化热辐射和定转子的导热进行散热，通过选取高发射率的电机涂层、扩大辐射换热面积等方法强化热辐射，采用高导热率的定子可使定子快速降温，增加定转子之间的辐射换热，高导热的转子可以减小转子的温度梯度，降低转子温升。

主动冷却主要采用对流冷却和相变冷却。对流冷却采用空心轴内通流冷却，将转轴两端开口形成空心轴，工作时将冷却流体（风冷、水冷）通过空心轴，循环散热。相变冷却是将封闭金属管抽真空放置于空心轴内，注入适量工作液，内壁贴附丝网状吸液芯，电机工作时，工作液蒸发流向冷凝端放热，放热后凝结为液体，借助吸液芯回到加热端，循环放热。

（3）飞轮储能阵列。飞轮储能阵列拓扑包括两种连接方式，即直流母线并联和交流母线并联。

直流母线并联拓扑结构，即多个飞轮单体通过 AC/DC 变流器并联到直流母线之后，通过 DC/AC 变流器连接到交流母线，一般采用的控制手段有等功率控制策略、等时间长度控制策略和等转矩控制策略。

交流母线并联拓扑结构，即各个飞轮单机通过 AC/DC-DC/AC 变流器并联到交流母线。相较于直流母线并联，交流母线并联的集成方式需要额外考虑各个变流器的协调控制，其协调控制策略一般采用传统的下垂控制策略。

2.3　工程应用技术

2.3.1　建模仿真技术

为了掌握储能接入后对电力系统的精确影响，储能电站建模显得越来越重要。储能电站建模对提升储能电站的电力系统仿真分析的准确性、可靠性和规范性，支撑大电网仿真分析、电网运行控制、电站智能化运维等都具有指导意义，为推动储能健康发展与友好接入，增强高比例新能源电网的灵活调节与安全运行能力提供技术保障。

1　储能电站仿真模型

电化学储能电站涉及储能电池、储能变流器等多种电力电子设备及控制系统，具有多时间尺度特性，需要在不同层面，根据应用需求选择能反映对应时间尺度特性的分析模型。按照不同的时间尺度特性，储能电站一般分为电磁暂态仿真模型、机电暂态仿真模型和中长期动态仿真模型。电化学储能电站仿真模型表见表 2-11。

表 2-11   电化学储能电站仿真模型表

模型	时间尺度	功能	软件
电磁暂态模型	微秒～数秒	模拟储能电站数微秒至数秒时间尺度的动态特性，可用于大电网全电磁暂态仿真中储能电站与电力系统之间的动态响应特性分析，以及储能电站电力电子设备快速动作特性模拟、控制参数整定等仿真计算	ADPSS、MATLAB、PSCAD、PowerFactory 等
机电暂态模型	数毫秒～数十秒	模拟储能电站数毫秒至数十秒时间尺度的动态特性，可用于储能电站参与电网调频/调压分析、储能电站高/低电压穿越能力分析等仿真计算	PSASP、PSD-BPA 等
中长期动态仿真模型	数十秒～数十分钟	模拟储能电站数十秒至数十分钟时间尺度的动态特性，可用于储能电站长时间充放电过程以及储能电站参与电网二次调频功能等仿真计算	PSD-FDS 等

2   建模方法

目前对于大电网仿真储能电站的建模方法主要有两大类：一是详细模型，即由各储能单元模型和场站内输电线路及变压器等组成的全仿真模型。二是单机倍乘聚合模型，即在电力系统研究中用单个储能单元或储能系统来等效整个场站，使其外特性一致。对于场站内多个由同一规格型号、相同拓扑结构的储能电池和变流器构成的电化学储能系统，建模时可等值为同一电化学储能系统。对于不同规格型号、不同拓扑结构的电化学储能系统一般分别单独建模。

详细模型虽然考虑了储能电站内的详细拓扑结构，包含了所有的储能单元以及大量的输电线路等，但是其时域仿真计算量大、时间长，目前难以满足机电仿真的要求；单机倍乘聚合模型将场站用单台或数台等值模型来模拟其整个场站的稳态和动态特性，可降低场站模型的阶数及仿真的计算量，但是这种简化工作并没有考虑场站内的详细拓扑结构以及场站内储能单元的功率分布情况。

2.3.2   运行控制技术

新型储能在各类应用场景下采用多样化的控制策略，以满足特定的需求与目标，当前新型储能在平滑新能源出力、配电网侧削峰填谷等典型场景下的运行控制技术较为成熟。未来，新型储能运行控制朝着提高多机出力一致性，提升功率响应速度，多目标分区分层协调控制，构网型储能控制的方向发展，以提高能源利用效率、助力实现双碳目标及"两保一促"核心问题。

本节针对新型储能跟踪计划出力、调频、调峰、调压、黑启动等多个典型场景详细阐述相应的控制策略：在跟踪计划出力场景中，新型储能与新能源发电系统联合运行，可有效平滑发电出力曲线，使随机变化的输出转变为相对稳定的功率输出，目前常采用的控制策略算法有一阶滤波控制算法、滑动平均控制算法、卡尔曼滤波、小波滤波、模型预测控制、基于专家系统的控制算法等方法；在一次调频场景中，新型储能电站的基本控制策略有下垂控制和虚拟惯性控制，其中下垂控制通过模拟同步发电机的下垂外特性，实现输出功率的调节，虚拟惯性控制模拟传统同步发电机的惯性响应，抑制最大频率偏差变化率；在二次调频场景中（"火储联合"），调度下发 AGC 指令，机组保持原有控制方式不变，以分钟级响应速率追踪 AGC 曲线，储能同时采集远程终端装置指令与分散控制系统中机组出力参数，利用毫秒级响应速率弥补 AGC 指令与机组出力的偏差；在调峰场景中，储能根据工程实际状况要求的削峰率，确认储能系统判断的削峰线，并根据电量平衡原则计算出削峰填谷总电量，由填谷总电量确定储能系统判断的填谷线，根据实际系统的负荷曲线图，当负荷超过削峰线、填谷线时，储能系统就投入电网中，参与电网的削峰填谷；在调压场景中，储能获取电网实时电压数据，根据电网电压偏差是否在死区内判断储能的调压需求，并设置稳态区间，构建电压状态感知指标，以此判断储能应用工况，基于基础无功策略得到储能最终的无功出力实现在接入网点无功功率就地补偿；在黑启动场景中，新型储能运行于电压源模式，其独立的控制系统可以调节孤岛运行时的电压、频率和相位，随时作为黑启动电源参与电网黑启动。

2.3.3 规划配置技术

规划评估技术涉及广域资源协同及局域能源的优化配置和运行，深度研究并充分利用"源 – 网 – 荷 – 储"各类设备运行特性，实现多种资源的协同配置和互补优化运行，以实现系统整体效益最大化。随着越来越多的新能源接入电网，合理配置储能可以有效提升新型电力系统的灵活调节能力。储能规划配置关键技术主要包括储能电站选型和储能电站优化配置两方面：

1 储能设备选型

在地理方面，需要结合当地温度、海拔、地质等情况确定新型储能的技术要求。针对东北、西北严寒地区，采用钠离子电池、钛酸锂电池等耐候性强、低温下容量保持率高的储能技术。针对南方湿热地区，需加强储能系统温控设备研究，使电气设备工作在高效的温度湿度范围内。针对地震带较多的西南地区，需提高储能系统抗震等级，保证地震后储能电站整体结构完整，并加强储能消防系统，避免灾后起火爆炸事故发生。针对 1500m 以上高海拔地区，储能设备选型设计过程中应注意绝缘距离及支撑结构稳定等方面。

在储能时长方面，针对秒级到分钟级超短时储能应用场景中，主要考虑飞轮储能和功率型锂离子电池储能技术路线。在 1~4h 级储能应用场景中，目前能量型锂离子电池技术经济性较优，同时可考虑压缩空气储能等技术路线。在 10h 级日内调节储能应用场景中，压缩空气储能、液流电池等具备较好的技术经济性。在更长时间尺度储能应用场景中，如周内和季节性调节储能，主要考虑热储能和氢储能技术路线。

在储能功能方面，目前新能源发电侧储能配置过程中，可采用功率型和能量型储能相互配合方案，在高频波动时由功率型储能承担，在低频波动时由能量型储能承担，优化设计两种储能单元的功率和能量配比，以期达到经济和效能最优的结果。

2 储能电站优化配置

储能电站的选址定容可采用双层优化配置模型，结合多功能应用需求与经济性，确定储能选址次序及容量配置需求。以经济性为目标，上层解决区域电网多点布局储能的优化配置问题，决策变量为待布局节点储能功率与容量；基于上层反馈的节点储能配置信息，以系统运行成本最小为目标，下层解决各选址节点储能的优化运行问题，决策变量为各电源的出力、各选址节点储能的充放电功率、可调负荷等可调节资源。

目前，新型储能的优化配置技术仍存在一些问题，例如评估方法不完善，评估结果存在较大的不确定性，缺乏有效的数据和信息，相关政策和标准的缺失等。

未来，需结合"源－网－荷－储"特性，考虑多功能应用需求，计及新型储能系统运行特性与容量衰减特性，以实现新能源消纳、电网安全稳定经济运行、储能应用经济性间的融合。如何兼顾多因素、多目标、多约束、非线性等复杂关联关系，进行储能系统的多点选址与优化配置值得进一步探索。同时，新型储能的技术路线将向更加多元化发展，储能规划配置技术也需要兼顾创新资源进行优化配置。

Chapter 3

新型储能安全防护

本章聚焦新型储能的安全问题，深入分析了储能电站安全现状和本体安全问题，详细介绍了储能安全防护和全流程管控技术，提出了储能安全管理体系建设方案。

3.1 储能电站安全现状

在政策和市场双重因素推动下，近年来储能产业快速发展。根据国家电化学储能安全监测信息平台统计数据 ❶，截至 2023 年 6 月，全国电力安全生产委员会 19 家企业成员单位 500kW/500kWh 以上的电化学储能电站 1024 座、总功率 27.22GW、总能量 59.26GWh。其中，已投运电站 699 座、总功率 14.30GW、总能量 28.77GWh，在建电站 325 座、总功率 12.92GW、总能量 30.49GWh。2023 年上半年，新增投运电化学储能电站 227 座、总功率 7.41GW、总能量 14.71GWh，超过此前历年累计装机规模总和。随着大型电化学储能电站的大量投产，储能安全问题凸显。据不完全统计，近十年以来全球发生储能电站安全事故 60 余起，2021 年以来发生 18 起，部分事故统计见表 3-1。

储能电站可靠运行方面，2023 年上半年，电化学储能电站可用系数达0.98。上半年计划停运 291 次，单次平均计划停运时长 78.83h，单位能量计划停运次数 35.73 次 /100MWh；非计划停运 249 次，单次平均非计划停运时长 45.78h，单位能量非计划停运次数 41.09 次 /100Mh。电站关键设备、系统以及集成安装质量问题是导致电站非计划停运主要原因，非计划停运次数占比 79.12%（见图 3-1）。

储能电站运行安全性和可靠性，既与储能技术本身紧密相关，又与储能电站安全监管密不可分。目前存在的主要问题有：存量储能电站存在长期重大风险隐患、新建储能电站"带病并网"、电站全寿命周期监督治理措施不完善、储能电站事故溯源与追责困难、储能电站安全质量管理标准规范不健全。

---

❶ 数据来源：国家电化学储能安全监测信息平台。

表 3-1 2017～2022 年部分储能电站火灾安全事故统计

序号	发生日期	地点	规模	电池类型	事故描述	发生原因
1	2022 年 2 月	美国莫斯兰丁	300MW/ 1200 MWh	三元电池	储能电站项目约有 10 个电池架被融化	电池过充导致热失控
2	2022 年 1 月	韩国义城庆尚北新谷里	1500 kWh	三元电池	某太阳能发电厂储能系统发生火灾	事故原因未知
3	2022 年 1 月	韩国蔚山南区 Sk 能源公司	50 MWh	三元电池	电池储能大楼发生火灾	电池过充导致热失控
4	2021 年 9 月	美国加州蒙特雷县 Moss Landing 储能项目	182.5 MWh	三元电池	储能电站的电池起火	事故发生在电站调试
5	2021 年 4 月	北京	25 MWh	磷酸铁锂	大红门储能电站发生爆炸	电池过充导致热失控
6	2020 年 7 月	澳大利亚维多利亚州	450 MWh	三元电池	特斯拉储能电站 Megapack 发生火灾	事故发生在测试期间，冷却液泄露导致高压功率器件发生电弧
7	2019 年 8 月	韩国忠南野山郡广市	10 MWh	三元电池	2 套储能系统中，1 套被烧毁，另一套被烧焦	事故原因未知
8	2019 年 4 月	美国亚利桑那州 APS 公司	2MW/ 2.47 kWh	三元电池	锂离子电池储能电站发生大规模火灾，事故造成 4 名消防员死亡	由电池内部缺陷导致，特别是异常的锂金属沉积和树突状生长
9	2017 年 3 月	山西省京玉发电厂	9MW/ 4.5 MWh	磷酸铁锂	锂离子电池储能舱体发生火灾	原因不明
10	2017 年 12 月	山西省京玉发电厂	9MW/ 4.5 MWh	磷酸铁锂	锂离子电池储能舱体再次发生火灾	电池单体内短路导致热失控

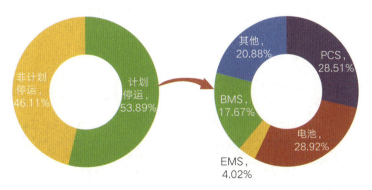

图 3-1 2023 上半年电化学储能电站停运分布情况

3.2 储能电站运行风险

3.2.1 电化学储能

1 储能电池热失控原因分析

锂离子电池由正负极材料，电解液、隔膜及封装部件等组成，其火灾危险性来源于内部可以发生燃烧反应的化学材料。热失控过程伴随着一系列内部电池材料的热分解反应，包括固体电解质界面膜（SEI）分解，电解液燃烧，正负极材料热分解及组分之间相互反应。其中，正极材料热分解及其与电解液之间的相互反应给予了电池热失控反应的大部分热量；钴酸锂、三元等层状结构的正极材料的热分解反应往往非常剧烈，并伴随氧气的产生，成为助燃剂。

当锂离子电池发生热失控，它将迅速地释放出其存储的能量，电池存储的能量越多，释放的能量也越剧烈。电池之所以具有如此强烈的放热行为一方面是因为其本身具有很高的能量密度，另一方面，电池不仅仅存储电能，还具有可燃性电解液。当电池发生热失控时，电池内部发生大量化学反应，如电解液与嵌锂反应、正极分解反应等，迅速释放出大量的热能，最终引发电池火灾甚至爆炸的危险。锂离子电池火灾内部反应过程如图 3-2 所示。

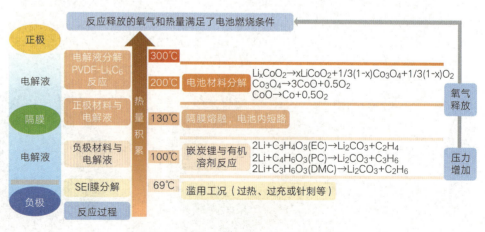

图 3-2　锂离子电池火灾内部反应过程

在锂离子电池使用过程中，机械滥用、电滥用和热滥用都会直接导致热失控。机械滥用是指锂离子电池因挤压、碰撞以及针刺等外力作用而导致的热失控；电滥用是指锂离子电池因短路或过度充放电而导致的热失控；热滥用是指锂离子电池因高温环境导致的热失控。如图 3-3 所示，机械滥用、电滥用和热滥用三者之间存在联系，机械滥用会破坏电池，引起电池隔膜的损坏，导致电池出现内短路，进而引发电滥用，电滥用发生后，电池的产热会快速增加，导致电池的温度剧烈升高，引发热滥用，进一步导致电池发生热失控。

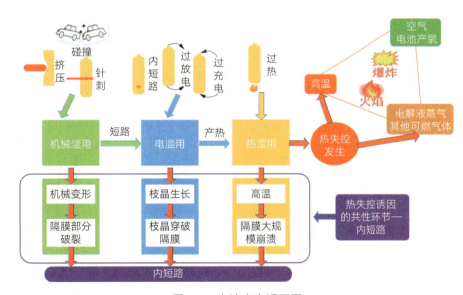

图 3-3　电池火灾诱因图

2　储能电池热失控危害

当电池发生热失控时，电池内部发生剧烈的放热反应，产生大量的热量和有毒可燃气体，有可能引发火灾甚至爆炸。除火灾威胁外，因气体燃烧而产生的对流和辐射热以及释放的有毒气体都会对人们的生命安全造成威胁。电池热失控后，危害主要体现在：

释放大量高温、有毒、可燃烟气。因不充分燃烧而产生的 CO、氟化物等毒性气体，危害人身安全；所释放的 H_2 和烷烃类气体可燃，造成燃烧爆炸。

热释放速率快。磷酸铁锂电池满电状态下，热释放速率峰值超过汽油：磷酸铁锂电池（1kWh）的热释放峰值速率（2.91MW/m²）约是汽油（2.2MW/

m^2）的 1.3 倍；半电及放空状态下，热释放速率峰值分别介于汽油与燃油之间。

爆炸当量高。储能电站（1MW/2MWh、40 尺集装箱）热失控后，仿真结果表明，其内部产生 2221K 的高温，蒸汽云 TNT 爆炸当量为 149.95kg、地面 TNT 爆炸当量为 269.91kg，波及沿集装箱长边方向 30m、短边方向 15m（约 450m²）内的其他建构筑物。

持续时间长。锂离子电池火灾是内源性火灾，并持续产热，往往伴随多次熄灭 - 复燃过程，复燃时间长达数小时甚至数天，火灾救援及事故后处理安全隐患较大。

火灾属性复杂，灭火困难。电池火灾具有固 / 液 / 气体火灾，以及带电火灾等多种属性特征。

3.2.2 物理储能

压缩空气储能和飞轮储能系统运行风险主要包括机械和电气两方面。

1 机械风险

压缩空气储能系统机械风险涉及压缩机、储 / 换热设备、储气罐和膨胀发电机等多个环节。压缩机有高速磨损危险，同时其在作业过程中的震动，会导致管路开裂、泄露等；高压储气罐因高温、超压可能发生爆炸；储换热设备，高温高压气体可造成人员烫伤风险；膨胀机是高速旋转部件，有跳车等风险；压缩机、膨胀机等的润滑油，可能存在燃烧和爆炸隐患等。

飞轮储能系统系统机械风险由高速旋转的飞轮和高速电机等部件导致，转子旋转工作中，存在疲劳强度失效风险，引发转子解体成碎片，撞击转子外围的真空壳体并逸出壳体，撞击飞轮机组附近的设备或人员而产生机械碰撞危害。

2 电气风险

电气风险方面，主要源于电机、变流器及配电系统。电机运行通常需要 380 ~ 690V 的变频电压，功率电路、电缆中电流为数百到千安培。过流、过压会对设备本身造成危害，同时带来一定的冒烟、失火、触电等安全隐患。

3.3 安全防护技术

3.3.1 电化学储能

1 储能本体安全

储能电池本体安全是储能系统安全的基础。目前，储能电池普遍采用磷酸铁锂电池，常规的磷酸铁锂电池采用有机电解液作为传导锂离子的介质，电解液的燃烧问题始终没有得到解决。为解决电解液引发的安全问题，近年来固态电池技术迅速发展。固态电池采用不流动、不易燃的固态电解质，有望提升电池的本征安全性。

液态电池安全技术主要包括抑制负极侧反应和阻断燃烧反应。针对负极与电解液反应的问题，可通过引入电解液添加剂来形成更稳定的负极 - 电解液界面层（SEI），或采用自毁电池技术，即引入温控毒化剂层。电解液的燃烧反应则可以通过引入阻燃剂来抑制。然而，在电解液中引入添加剂可能会导致电性能下降，自毁电池技术会不可避免地降低能量密度。因此，选择液态电池安全技术时需要综合评价电性能、能量密度和安全性。

固态电池安全技术包括复合固态电解质膜、固态电解质包覆或涂覆正负极、原位固态化等，其核心思想为通过提升电池固态化程度，降低电解液含量，以改善高比能电池的安全性。然而，固态电池能在多大程度上提升高比能电池的安全性仍有待探究和验证，因为过多地引入低离子电导率的固态电解质会降低电池的电性能，并导致电池成本增加。因此，固态电池需要权衡电性能、安全性和成本。

未来，高安全固态电池是发展方向之一，短期内通过添加固态电解质和原位固态化技术，降低电池内的电解液含量，从而提高安全性；中期突破基于现有正负极材料的第一代全固态电池，综合性能赶上甚至超越液态锂离子电池；长远目标是发展面向新型高容量正负极材料的下一代全固态电池，实现电池性能大幅提升。

2 储能系统集成与安全预警

储能系统集成旨在将不同组件整合为一个模块化产品技术平台，以满足不同容量、功率和充电倍率的需求。通过模块化设计，储能系统能够更加灵活高效地应对能源存储和利用的需求。安全预警系统则是在储能系统中起到至关重要作用的技术之一。它基于电、热、力、声、气、光探测技术，能够实现故障的早期预警和精准定位。通过预警、降温、降功率、停机和灭火等分级管控策略，安全预警系统能够监测和处理电池系统的异常情况，确保储能系统的安全性。

储能系统集成技术包括系统框架设计、电池 PACK 设计、液冷系统设计、BMS 设计。系统框架设计通过模块化设计和集成技术，构建储能系统的整体结构。PACK 设计通过设计和选择合适的电池 PACK 组件，以满足储能系统的容量和功率需求。液冷系统设计通过采用液冷技术，实现对电池的有效冷却，提高系统的效率和稳定性。BMS 设计通过监测电池状态、充放电过程以及电池温度，保证系统的安全性和性能。

安全预警技术包括早期故障预警、精准定位、温度和压力控制以及火灾预防和控制四部分。早期故障预警通过监测电池系统的电、热、力、声、气、光等参数，实现对潜在故障的早期预警，减少故障风险。精准定位通过分析预警信号，确定故障的具体位置，提高故障定位的准确性和速度，便于及时采取措施进行修复。通过监测和控制电池系统的温度和压力，防止过高温度和过大压力对系统造成损坏或安全隐患。火灾预防和控制通过烟雾、可燃气体等探测器实时监测电池舱内的火灾情况，并及时启动灭火装置进行控制和扑灭。

储能系统集成和安全预警仍面临一些难点和挑战。热管理和散热设计方面，储能系统会产生大量的热量，如何高效地进行热管理和散热设计是一个关键问题，涉及到散热材料的选择、散热通道的设计等内容。故障预测和诊断方面，储能系统集成和安全预警需要具备故障预测和诊断的能力，能够提前发现潜在故障并准确判断故障原因，以便采取及时的维修和控制措施。

未来的储能系统集成和安全预警将更加智能化和自适应，能够根据实时的工况和需求进行优化控制和调整，提高能源存储和利用的效率和灵活性。储能系统集成和安全预警将更加注重绿色和可持续发展。在材料选择、能源利用和环境保护方面将持续创新，减少对有限资源的依赖和环境的影响。

储能系统集成和安全预警技术是能源领域的前沿技术，其应用可以提高能源存储和利用的效率和安全性。尽管面临一些难点和挑战，但随着技术的不断进步和发展，储能系统集成和安全预警将在未来得到广泛应用，并为可持续能源转型和能源安全做出重要贡献。

3 储能电站安全监测

储能电站的安全性与 EMS、PCS、运行管理以及工作环境密切相关。为保证储能电站的安全运行，目前业界已经针对各安全关键环节开发了前沿的数据采集与监视系统、故障诊断系统、安全预警系统以及消防灭火系统。

储能电站的 EMS 安全预警技术。EMS 能量管理利用数据采集与监视系统对电站内所有设备进行实时监控，依靠数据挖掘系统和专家诊断分析系统实现高可靠故障预警。

储能电站的 PCS 安全预警技术。当 PCS 发生电气故障后，由安全监测系统反馈异常报警信号，切断所在预制舱主电路。当 PCS 产生起火现象后，由火灾探测系统或视频监控系统等安全监测系统反馈异常报警信号，切断所在预制舱主电路，启动消防灭火系统。

储能电站运行管理安全监测技术。建立储能电站的实时监测和远程监控系统，采用故障诊断算法对储能电站的监测数据进行分析和处理，提取关键信息，预测电池组的健康状况，为储能电站的运行管理提供参考和支持。

储能电站环境安全监测技术。采用监测设备对储能电站的通风、散热系统进行实时监测，确保储能电站内部温度适宜，避免电池过热；采用多种传感器对储能电站环境温度、湿度、等参数进行实时监测，确保储能电站的环境安全。

随着储能电站的规模不断扩大，大规模储能电站的全面监测和管理成为难点。实现对储能系统的全面监测和管理、对不同类型储能电池的监测和管理，以及高效挖掘和处理数据，同时又要保护用户的隐私安全充满挑战。储能电站运行管理安全监测技术如图 3-4 所示。

未来，储能电站安全监测技术的发展方向和趋势将是物联网和大数据技术、人工智能技术、多传感器融合技术、安全隐私保护技术和云计算技术的应用。这些技术将有助于实现对储能电站的全面监测和管理，提高储能电站的安全性和稳定性。

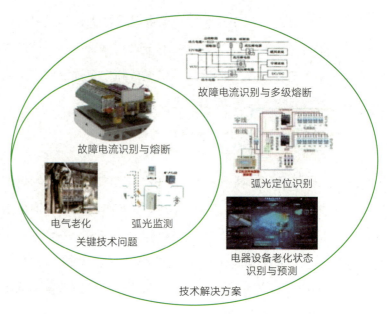

图 3-4　储能电站运行管理安全监测技术

3.3.2　物理储能

1 储能本体安全

（1）压缩空气储能。压缩空气储能系统安全保障措施有：

针对膨胀机风险点，可在旋转部件旁设置防护措施，运行期间膨胀机区域封闭管理，防止膨胀机转轴高速运转导致设备损坏及危害人身安全。

针对压缩机风险点，通过控制系统设置冷却水流量过低报警、压缩机排气高温报警及压缩机超温联锁停机，防止压缩机出口超温导致压缩机故障停车或损坏。在压缩机出口设置安全阀，控制系统设置压缩机排气超压报警及联锁停机，防止压缩机出口超压导致压缩机故障停车或损坏。

针对高压储气罐风险点，按规定安装设备安全阀，压力达到安全阈值起跳泄压，防止高压储气罐压力过高导致设备损坏或气体泄露危害人身安全。在压力管道设置紧急切断阀，防止压力管道超压危害设备安全及人身安全。

（2）飞轮储能。飞轮储能系统安全保障措施有：

针对高速旋转部件风险点，加强旋转部件的强度设计安全理论评估；构建旋转部件材料机械性能保障体系；掌握转子解体行为并评估飞轮机组壳体包容碎片动能能力；采取机组外碎片飞逸防护装置或地井安装方法。

针对系统电气风险点，对所有用电设备做接地防护防止系统漏电引起人员触电风险。对所有室外高空设备做防雷保护，防止室外设备遭受雷击导致设备损坏故障及危害人身安全。

2 储能电站安全监测

在储能系统各个关键部件安置温度、压力、震动、转速、流量测量传感器，通过测量仪表对这些关键参数实时监测，并根据参数预警值实现自动控制和实时预警，提前预知设备运行状态，易损部件定期更换，防止超速、过压、过流、过热、超振等故障态运行。

总体来说，新型储能作为一个能量载体，本身存在一定的安全风险；技术路线不同，安全风险有所不同；新型储能电站需构建本体安全、主动安全、消防防御三道防线，安全防护也需要贯穿到新型储能系统全环节、建设全流程、运营全寿命周期。

3.4 全流程安全管控体系

3.4.1 全流程安全管控规范和依据

1 国家政策层面

北京"4·16"储能电站火灾爆炸事故是电化学储能规范化管理的分水岭。为保障储能安全，国务院安委会、国家发展改革委、国家能源局等均出台了相关政策和规范，明确加强储能的质量管控、安全管理，具体见表4-2。国家能源局于2022年4月26日发布《关于加强电化学储能电站安全管理的通知》，将项目法人列为安全运行责任主体，从规划设计、设备选型、施工验收、并网验收、运行维护、应急消防处置能力等方面提出安全管理要求。鉴于储能电站安全问题频发，多地将储能电站列为消防安全重点单位，旨在加强消防监督管理，落实主体责任，有效预防和减少火灾事故。安全相关政策和规范见表3-2。

表 3-2　安全相关政策和规范

序号	政策名称	主要内容	时间
1	《进一步加强电力安全监管工作的通知》（国能综通安全〔2023〕96 号）	提出了"要定期检查电化学储能电站运行工况，评估电池系统健康状态，规范检查可燃气体探测装置、火灾自动报警系统、消防设施的可靠性，完善应急消防措施"	2023.8
2	《全国电力安全生产重大事故隐患专项排查整治2023 行动方案》（国能发安全〔2023〕40 号）	明确提出"落实《国家能源局综合司关于加强电化学储能电站安全管理的通知》等文件要求，紧盯重点领域，强化监督管理""主要负责人组织本企业重大事故隐患排查整治""对电力企业自查未查出或查出后未按规定报告或未采取措施消除的重大事故隐患，要严格依法惩处"	2023.5
3	《2023 年能源监管工作要点》（国能发监管〔2023〕4 号）	提出了"要不断加强电力安全风险管控"，"加强对火电、新能源、抽水蓄能、储能电站、重要输变电工程等项目'四不两直'督查检查"	2023.1
4	《关于加强电化学储能电站安全管理的通知》（国能综通安全〔2022〕37 号）	提出了电化学储能电站安全管理、规划设计、设备选型、施工验收、并网验收、运行维护、应急消防处置等环节的安全要求	2022.4
5	《"十四五"新型储能发展实施方案》（发改能源〔2022〕209 号）	提出了"加强新型储能安全风险防范"，"明确新型储能产业链各环节安全责任主体"，"建立健全新型储能技术标准、管理、监测、评估体系，保障新型储能项目建设运行的全过程安全"	2022.1
6	《电化学储能电站安全风险隐患专项整治工作方案》（安委办〔2021〕9 号）	明确将电池本体、电池管理系统、储能系统、储能场所等安全风险隐患列为"整治重点"	2021.11

2　标准规范层面

北京"4·16"储能电站火灾爆炸事故发生后，针对储能电站安全与质量管理缺乏技术依据和指导原则的问题，全国电力储能标委会组织申报"储能质量与安全系列"国家标准 27 项，部分重要标准具体见表 4-3。其中，国家电网公司牵头 19 项标准编制，全国电力储能标委会秘书处单位中国电力科学研究院牵头编制 9 项。中国电力科学研究院根据储能应用全过程各环节存在的安全隐患制定解决方案，主导两项重要标准的制修订：GB/T 40090—2021《储能电站运行维护规程》于 2021 年 4 月 30 日发布，11 月 1 日实施，是国内首个电化学储能电站运行维护国家标准，为储能电站现场运行维护提供具体指导。国标《电化学储能电站安全规程》（GB/T 42288—

2022）于 2023 年 7 月 1 日正式实施，该标准规定了电化学储能电站主要设备设施的安全要求，以及电化学储能电站在巡视检查和维护、检修与试验的安全要求，是电化学储能领域安全管理最重要的规程之一，填补了此前电化学储能电站安全配置相关国标的空白。至此，储能消防从此前的建议性配置正式迈入强制性配置阶段，安全问题正式进入监管阶段。电力储能标准规范列表见表 3-3。

表 3-3 电力储能标准规范列表

序号	标准名称	标准类型	标准编号
1	电力储能基本术语	行业标准	DL/T 2528
2	电力储能用锂离子电池	国家标准	GB/T 36276
3	电力储能用电池管理系统	国家标准	GB/T 34131
4	电化学储能系统储能变流器技术规范	国家标准	GB/T 34120
5	储能变流器检测技术规程	国家标准	GB/T 34133
6	电化学储能电站接入电网技术规定	国家标准	GB/T 36547
7	电化学储能电站接入电网测试规范	国家标准	GB/T 36548
8	电化学储能电站安全规程	国家标准	GB/T 42288

全国电力储能标委会、中国电力科学研究院于 2021 年 10 月正式出版了《电力储能安全蓝皮书》，该书研究分析电力储能面临的安全风险，梳理储能标准化现状，提出下一步工作的意见和建议，以蓝皮书形式向社会和行业公开发布，促进储能健康有序发展。

3.4.2 安全管控关键环节和流程

储能工程建设全流程需考虑储能本身的专业性、特殊性、复杂性，需能经受电站质量技术监督；需严格执行标准、规范要求，检测环节需满足储能专业机构要求，能经受电力安全生产隐患排查，避免"带病并网"；需提升储能电站的高安全性、高可靠性、高置信度，保障电网调度运行安全。中国电力科学研究院从电力储能应用的实际需求出发，结合深厚的储能特性评价和检测技术研究积累，构建了储能工程建设专业化、标准化、全流程整体解决方案，在储能电站规划设计、可行性研究及采购环节提准要求、找准依据，明确入口边界条件，在储能电站的并网调试、验收运行环节，严格检测、严格考核，做好出口质量闭环。各环节具体介绍如下：

（1）规划设计。依托电力系统全数字仿真系统 ADPSS、电力系统多目标规划配置软件 PSSP2.0 等，开展区域电网潮流分析与储能配置仿真，测算储能项目对区域电网新能源消纳能力的提升水平，以及对电网安全稳定运行的提升水平。联合储能专业研究机构、设计院开展高水平系统方案设计和装备集成技术输出，依据系列化储能国家标准、规范及相关政策要求开展设计咨询，避免投运后整改。

（2）驻厂监造与出厂验收。储能设备生产及集成过程应开展全过程驻厂监造、出厂验收，强化设备集成环节的质量与安全控制，避免返工，保障项目整体进度流程。

1）产品型式试验。工程选用的储能相关产品及系统应当符合国家（行业）标准要求，电芯、电池模块、电池簇、电池管理系统、储能变流器等产品应由具备 CMA/CNAS 储能检测资质的机构出具型式试验报告。型式试验是保障电池储能系统符合相关标准要求、从根本上提升储能电站整体质量和安全的关键。通过产品型式试验，筛选满足国标性能要求的研发设计制造能力、层层严格检验并确保电池工作参数和性能指标符合正确逻辑地逐级传递。底线要求型式试验合格，才能批量生产。

2）产品性能等级评价。产品性能等级评价是结合电力储能应用对电池综合性能的实际需求，针对大量储能电池产品型式试验数据开展研究分析，识别储能电池关键性能 / 技术指标，以性能等级划分的形式结合详实的性能数据全方位展现和辨识电池产品的质量和安全技术水平。

产品性能从低至高共分为七个等级：C、C+、B−、B+、A−、A+，其中 C 级为满足国标要求。分级的基本原则是：一致性偏差、能量效率、能量保持率、循环性能等关键技术指标的分级考核；安全性能中除不起火不爆炸的基本要求外，增加对是否冒烟、漏液、膨胀等技术指标的分级考核；结合储能的实际需求分配权重，综合评估得出最终等级。

（3）核心部件抽检。核心部件抽检是为保证实际供货批次产品与型式试验产品在关键性能方面的一致性，是对储能工程安全与质量把关的关键控制步骤，也是对设备供应商批次生产品质控制的关键约束步骤，直接决定了实际投运储能设备的安全与质量状态。建设单位应委托具备 CMA/CNAS 储能检测资质的机构开展电芯、电池模块、电池管理系统等核心部件抽检测试。

抽检采用最低抽样方案，至少满足所有试验项目的完成，且随实际供货产品生产过程同步开展，不影响交付进度。检验项目包括外形尺寸和质量测量、初始充放电能量试验、倍率充放电能量试验、高温充放电试验、低温充放电试验、过充／过放试验、短路试验、热失控试验等。标准化的抽检规则已在修订的国家标准中予以明确。抽检方案已在浙江、湖南、山东等地的大型储能工程验收中开展大量实践，检验出多个批次质量和安全不合格产品，为储能工程建设的安全与质量把关奠定了关键基础。

（4）储能系统调试。调试是使储能电站具备正常运行功能的必要步骤，也是并网检测的前提条件，调试是否成功直接决定了并网检测能否顺利开展以及电站能否如期投运。主要包括电池系统、PCS、EMS、辅助设施等分系统调试以及整套系统启动调试等。建设单位应委托具有电力工程调试资质的第三方机构开展储能整站并网调试。

（5）储能并网检测。并网检测是检验储能系统整体是否满足接入电网的功能及性能要求，确认储能系统的容量、寿命、安全等承诺指标以及电池工作参数是否符合从电池单体、模块、簇到系统／电站性能的逐级传递，检验最终投运的储能系统／电站整体性能是否能依据标准方法在标准认定以及双方技术约定的电池工作参数条件下达到承诺值，检验储能系统的高低电压穿越、电网适应性等涉网性能是否满足相关标准要求，是储能工程最终验收及投运的关键依据。建设单位应委托电力行业具备 CMA/CNAS 储能检测资质的机构开展储能电站并网检测。

（6）在建储能电站安全综合评估方法。储能电站安全风险评估内容包括规划与选址、设计与平面布置、建筑与结构、储能系统安全、消防系统与安全设施、安全与应急管理。包括安全风险排查和综合风险评估两个环节。

安全风险排查：储能电站业主单位对在建和未投入建设的储能电站做好安全风险评估基本资料的收集整理工作，对照在建和未投入建设储能电站安全风险评估分级评分表完成风险排查工作。

综合风险评估：储能电站业主单位基于安全风险排查汇总分析，依托具备相应资质的专业服务机构或专家开展综合风险评估工作，形成在建和未投入建设储能电站安全风险评估报告。

（7）储能电站年度运行评价。储能电站年度运行评价包括核查储能系统运行过程中电池实际运行参数与型式试验参数的一致性，在此基础上测试电池储能系统的充放电能量衰减率、能量效率等关键指标是否满足合同约定；同时对电池的容量衰减、一致性、安全状态等关键特性进行综合测试评价，评估电池当前的健康状态，为储能工程的运行维护方案制定及安全与质量状态动态监测提供标准化专业化的技术支撑。储能电站年度运行评价是质保期内保障产品质量与安全的关键约束手段，直接影响储能系统集成设计与投入。

总体来说，储能本体质量将直接影响储能电站安全，间接影响电网运行安全。随着新型储能技术在电网中规模化应用，电力调度要求储能电站的关键性能指标具有高的置信度。储能系统／电站的安全管控具有不同于其他行业领域的特殊性和复杂性，是依赖于全产业链全流程闭环管理的特殊领域。中国电力科学研究院从电力储能应用实际需求出发，依赖多年新型储能的科研积累和试验平台，构建了储能全流程安全管控整体解决方案，形成了基于统一标准规范要求的电源侧、电网侧、用户侧全方位覆盖的储能安全与质量把关协同服务体系，引领推动行业安全与高质量发展。

Chapter 4

新型储能标准体系建设

本章节介绍了国际、国内储能标准的现状，基于储能电站的建设逻辑，从基础通用、规划设计、设备试验、施工验收、并网运行、检修监测、运行维护、安全应急等八个方面，详细阐述新型储能标准体系建设现状并提出发展展望。

4.1 国际标准体系建设

新型储能标准研究制定组织主要包括国际电工委员会（IEC）、电气与电子工程师协会（IEEE）、美国国家标准技术研究院（NIST）、日本工业标准调查会（JISC）、韩国技术和标准局（KATS），其他诸如 UL、挪威船级社（DNVGL）和 FM 全球公司（FM Global）等企业和机构也参与其中。相关标准覆盖了储能系统的设计、安全、性能评估、测试方法等方面。随着储能技术不断成熟、成本不断降低、市场规模不断扩大，相关标准体系也日趋完善。

4.1.1 IEC 储能标准制定现状

IEC 于 2011 年发布的《Electrical Energy Storage》白皮书中提供了关于电力储能的作用、政策制定、技术研究和标准制修订方面的建议，旨在通过推动标准化工作，为电力储能领域的发展和规范化提供支持。在电力储能方面，IEC/TC 120（电力储能系统标准化技术委员会）主要负责研究制定电力储能系统及相关部件的国际标准。这些标准涵盖了所有能够存储和释放电能的储能技术，以及储能系统与电力系统之间的关联。

IEC/TC 120 于 2012 年底正式批准成立，下设 5 个工作组：术语、单位参数和测试方法、规划和安装、环境问题、安全事项。目前已编写 IEC 62933《储能系统——术语》、IEC 62934《储能系统单位参数及测试方法》、IEC 62935《储能系统规划及安装》、IEC 62936《储能系统环境问题》、IEC 62937《接入电网储能系统安装的安全事项》等标准。

除 IEC/TC 120 外，其他 TC 也制定了储能相关标准，比如 IEC 62909-1《双向并网换流器　第 1 部分：一般要求》、IEC 62619《工业用二次锂电池和电池组》、IEC 61427-1《可再生能源储能用蓄电池和蓄电池组　第 1 部分：

光伏离网应用》、IEC 61427-2《可再生能源储能用蓄电池和蓄电池组　第 2
部分：并网应用》等。

4.1.2　其他国外组织储能标准制定现状

　　IEEE 关注储能与大规模电网之间的互联，以及对各种储能技术的系统
要求，目的是为电网提供庞大的潜在可用资源。典型标准如 IEEE P2030.3
《储能设备和系统接入电网测试标准》❶，该标准通过设立标准化测试流程，
确保所有储能技术和应用都符合互联要求。

　　美国的电力储能相关标准制定主要依靠非政府专业组织，政府部门则主
要负责协调并参与标准制定以及发布后的应用采信。目前，美国拥有 41 项
储能相关标准，涵盖储能系统建筑环境、消防、安装、并网、试验等多个方
面。这些标准分为两类：一类是与传统电气安全要求相关的通用性标准，另
一类是专门针对储能电池的安全性而设计的标准，例如 UL 9540A 等。

　　日本的电力储能相关标准主要由日本电气技术规格委员会（JESC）组
织编制，其中包括 2004 年发布的《确保电力品质的电气设备接入技术条
件》，2006 年发布的《分散式电源接入系统技术导则》，以及 2010 年发布的
《电力储能电池技术规范》等标准。在标准体系建设上，日本储能标准侧重
于接入电网技术及电池技术规范。

　　欧洲目前尚未形成统一的储能系统标准，大多数情况下采用 IEC 的标
准。这些标准通常以 EN IEC 命名，例如 EN IEC 62933-2-1（标准名：《电
能存储系统 . 第 2-1 部分：单元参数和试验方法》）。此外，有部分标准由
欧洲各国标准化组织制定，例如德国电气工程师协会（VDE）制定的 VDE-
AR-E 2510-50 Anwendungsregel（标准名：《固定式锂离子电池储能系统安全
要求》）。

---

❶ 4.1.2 节中的标准名称为中文翻译。

4.2 中国标准体系建设

新型储能相关标准的归口单位包括全国电力储能标准化技术委员会（SAC/TC 550，以下简称储能标委会），全国燃料电池及液流电池标准化技术委员会（SAC/TC 342），能源行业液流电池标准化技术委员会（NEA/TC 23）等。其中，全国电力储能标委会于 2014 年成立，归口管理电力储能领域国家标准、行业标准和中电联团体标准，始终致力于储能标准体系建设，组织国内相关专业单位协同制修订系列储能标准。

在政策支撑上，国家标准化管理委员会、国家能源局于 2023 年 2 月联合印发《新型储能标准体系建设指南》（以下简称《指南》），《指南》指出：根据新型储能技术现状、产业应用需求及未来发展趋势，结合新型电力系统建设思路，逐步建立适应我国国情并与国际接轨的新型储能标准体系。2023 年制修订 100 项以上新型储能重点标准；2025 年在电化学储能、压缩空气储能、可逆燃料电池储能、超级电容储能、飞轮储能、超导储能等领域形成较为完善的系列标准。根据《指南》统计，新型储能标准体系规划项目 205 项，其中，国家标准 57 项，行业标准 148 项。

以标准层级分类，按照标准的影响力和标准适用范围，新型储能标准体系可分为国家标准、行业标准、团体标准。

以标准属性分类，按照标准重要性和标准实施作用：对于保障新型储能工程应用安全、从事储能行业人员生命安全、储能服务目标主体安全的技术要求，应优先申请制定强制性国家标准，比如新型储能电站安全规范等。对于满足新型储能基础通用和工程应用需求的技术要求，应申请制定推荐性国家标准。

以专业技术上分类 ❶，按照新型储能电站的建设逻辑，综合功能、产品和技术类型、各子系统间的关联性，将新型储能标准体系框架分为基础通用、规划设计、设备试验、施工验收、并网运行、检修监测、运行维护、安全应急八个方面，新型储能标准体系覆盖了新型储能工程建设、生产运行全流程以及安全环保、技术管理等专业技术内容，体系架构如图 4-1 所示。

---

❶ 资料来源于国家标准化管理委员会　国家能源局《新型储能标准体系建设指南》，2023 年 2 月。

图 4-1　中国新型储能标准体系架构图

在基础通用方面，主要对新型储能标准体系中的共性内容进行规定。主要涉及储能领域的术语、图形、符号、编码等方面标准。

在规划设计方面，主要对储能电站规划、勘察、设计进行规定，从电站规划、勘察、各阶段设计等方面提出相关要求。电站规划设计阶段应执行的核心标准包括国家标准 GB/T 51048—2014《电化学储能电站设计规范》等。

在设备试验方面，主要对储能电站主要设备及系统的技术要求、试验检测等进行规定，主要包括各种储能电池、电池管理系统、变流器、监控系统等主要设备技术要求及型式试验、出厂检验、现场实验等检测试验方法，以及储能系统与电站接入电网技术要求、梯次利用电池及系统技术要求等方面标准。电站关键设备采购、试验、检测阶段应执行的核心标准包括国家标准 GB/T 36276—2023《电力储能用锂离子电池》、GB/T 34131—2023《电力储能用电池管理系统》、GB/T 34120—2023《电化学储能系统储能变流器技术要求》等。在编核心标准包括 20214759-T-524《预制舱式锂离子电池储能系统技术规范》等。

在施工验收方面，主要对储能电站工程施工、安装、验收进行规定，包括电站土建及各系统设备安装、调试、质量验收、启动验收、施工质量评定等方面标准。已发布的核心标准包括国家标准《电化学储能电站施工及验收规范》《电化学储能电站调试规程》等。在编核心标准包括建标〔2013〕6号文，序号 32《电化学储能电站施工及验收规范》等。

在并网运行方面，主要对储能系统接入电网技术要求以及测试方法、运行控制进行规定，技术要求包括储能系统接入电网电能质量、功率控制、电网适应性、接入电网测试等。并网运行类核心标准包括国家标准 GB/T 36547—2018《电化学储能系统接入电网技术规定》等。在编核心标准包括 20214750-T-524《用户侧电化学储能系统接入配电网技术规定》等。

在检修监测方面，主要对储能电站及主要设备检修、监测进行规定，包括计划检修、故障检修、状态检修等检修方式以及修前检测、修后试验和状态监测等方面标准。

在运行维护方面，主要对储能电站运行、维护检修进行规定，包括电站运行监视、运行操作、巡视检查、异常运行及故障处理等运行要求、设备及系统维护要求等方面标准。电站运行维护阶段应执行的核心标准包括国家标准 GB/T 40090—2021《电化学储能电站运行维护规程》等。

在安全应急方面，主要对新型储能电站建设、运行阶段的安全进行规定，提出电化学储能电站设备设施安全、操作安全、运行安全、专属安全设施配置和维护等方面技术要求以及储能电站应急管理方面相关要求，涵盖储能电站建设、运行、维护、检修、消防、试验等方面。安全应急类核心标准包括国家标准 GB/T 42288—2022《电化学储能电站安全规程》等。

4.3 新型储能标准发展建议

在新型储能标准方面，标准体系不断完善。国内外已成立相关的标准化组织，初步搭建标准体系框架，制定发布一系列关键标准。国际上，主要标准化组织有国际电工委员会（IEC）、电气与电子工程师协会（IEEE）、美国保险商试验所（UL）等。国际新型储能领域当前主要关注电化学储能技术和通用标准，针对压缩空气储能、飞轮储能等其他新型储能技术的技术导则和规范尚不完善。我国于 2014 年成立全国电力储能标准化技术委员会（SAC/TC 550），归口管理电力储能领域国家标准、行业标准和中电联团体标准。截至 2024 年 1 月，SAC/TC 550 归口管理储能国家标准 57 项，包括 22 项现行标准，12 项标准已发布并即将实施，23 项标准正在编制，其中，2023 年发布包括 GB/T 36276—2023《电力储能用锂离子电池》、GB/T 34120—2023《电化学储能系统储能变流器技术要求》等 24 项目国家标准，相关标准制修订工作能满足储能领域研究、生产、建设工作需要，保障工程建设质量与安全，支撑了我国新型储能标准体系。

为支撑新型储能技术创新，新型储能产业安全、规模化发展，建议在储能技术的发展和新形势应用需求下，根据新型储能与风电、光伏和火电等电源联合运行、电网安全稳定运行、用户侧储能配置技术要求，开展多种新型储能产业链关键环节标准制修订，加强储能系统接入电网、安全管理与应急处置类标准制定，滚动修订新型储能标准体系。

在基础通用方面，建议优先制定电化学储能相关标准，包括《电化学储能系统术语》《电化学储能电气图形及文字符号》。此外，应加快制定压缩空气储能与飞轮储能相关的基础通用类标准。

在规划设计方面，建议优先制定技术相对成熟、具备推广应用条件的储能电站设计类标准，以及电网侧储能规划类标准，比如《电网侧储能规划设计技术导则》。除此之外，制定储能电站在电力系统各应用场景下配置类标准，比如《光伏电站配置电化学储能技术导则》《陆上风电场配置电化学储能技术导则》，以及储能电站可研、初设、施工图设计类标准。

在设备试验方面，建议优先制定已有成熟应用的新型储能类型产品标准，比如《电力储能用钠离子电池》等，以及制定已有示范应用的新型储能类型产品标准，比如《电力储能用飞轮储能系统》等。

在施工验收方面，建议制定多种新型储能电站的土建、设备安装、调试、质量评定、验收等方面的标准，健全新型储能施工验收标准。

在并网运行方面，建议优先制定电化学储能、压缩空气储能等相对成熟、具备推广应用条件的储能电站类标准，比如《压缩空气储能电站接入电网技术规定》。其次，制定超级电容、飞轮储能等应用尚不具规模的储能电站设计相关标准，比如《飞轮储能电站接入电网技术规定》。

在运行维护方面，建议优先制定技术已经成熟的检修类、运行维护类标准，比如《储能电站电池诊断维修要求》，后续可以根据技术进展与商用化程度，依次制定监督、监造和运营类的标准。

在安全应急方面，建议优先制定不同储能的应急处置方面标准，比如《压缩空气储能电站生产安全应急预案编制导则》《压缩空气储能电站应急演练规程》等。其次，制定系统安全要求、电站的安全规程领域相关标准，最后完善安全及环境评价领域标准。

5

新型储能
发展趋势及路径

本章节详细阐述了新型储能技术的发展趋势，及其在"保安全、保供应和促消纳"中发挥的重要作用，并预测了新型储能在电力系统中的演进形态。

5.1   新型储能的应用场景分析

新型储能技术将在未来电力系统中发挥重要作用。未来 20 年，随着各类储能技术经济性进步，储能装机规模大幅度提升，高比例的储能将成为电网重要的调峰、调频资源，极大提升系统的灵活性。在电源侧，基于储能与新能源相融合的多能互补，构建主动支撑型新能源电源体系；在电网侧，规模化储能可提供紧急功率支援、惯量支撑等作用，是保障电网安全稳定运行的重要资源；在负荷侧，以储能作为互联纽带，聚合各类分布式电源、可调负荷、电动汽车等元素，构建现代综合能源服务、需求响应、虚拟电厂等新业态，实现新能源的有效消纳和终端能源的高效利用。

5.1.1   提升电网安全稳定运行水平

一是在高比例新能源和大容量直流接入地区，利用储能的灵活调节能力，为系统提供惯量支撑和一次调频，可有效降低大功率缺额下受端电网频率失稳的风险。

随着高比例新能源和大容量直流的接入，电网中传统的旋转式同步发电机组的占比逐步降低，同步电网的惯量支撑和一次调频能力不断下降，再加上常规火电机组在大扰动下的一次调频能力难以保证，使得电力系统的支撑和调节能力难以应对大功率冲击，受端系统频率失稳风险加大。电网亟需增加更为灵活、可靠和快速的有功调节资源。以负荷水平为 2.36 亿 kW，本地开机为 2 亿 kW 的大型受端电网为例，当本地新能源出力渗透率增加至 28% 时（新能源出力 5600 万 kW），若馈入该电网的一回特高压直流故障导致该电网损失功率 800 万 kW，系统频率将下降至 49.2Hz，极易引发低频减载动作，导致大面积停电事故。若按新能源装机比例的 10% 加装储能（560 万 kW/5min），一方面可提高系统灵活性，另一方面可提升新能源主动支撑能力，可在故障期间响应系统频率变化，提供快速的有功功率支撑，有效减少系统频率跌落的幅度（最低频率提高至 49.6Hz），其效果与纯同步机系统相当。

二是将储能纳入安控系统，在电网发生严重故障时吸收暂态不平衡功率或为系统提供紧急功率支援，可提高交直流混联大区电网的稳定性，替代严重故障后的切负荷措施，一定程度上具有等效释放输电能力的作用，具有显著的经济效益。

随着远距离大范围电力输送规模的增加，跨区直流多种故障形式增加了电网安全稳定破坏的风险，易引发稳定破坏事故。引入具有快速响应能力的功率型储能系统，构建新的电力系统安全稳定调控体系，可满足用户对供电可靠性不断提高的要求，并能有效释放跨区交直流通道的输电能力。以华北 – 华中互联电网为例，华中特高压环网建成之前，华北 – 华中交流联络线（长南线）南送 100 万 kW，天中直流满功率运行时发生双极闭锁故障，为保证华北 – 华中电网不解列，需在故障后 200ms 内切除河南电网负荷 120 万 kW。若在天中直流落点附近安装共计 90 万 kW 储能，故障后 300ms 储能单元输出功率达到控制目标值也能够保证华北 – 华中电网不解列。引入储能后，可减小切负荷风险，避免用户停电损失。另外，馈入华中电网的特高压直流（天中直流）与长南线之间存在耦合，制约交直流系统输电能力的发挥。若在天中直流落点近区安装 480 万 kW/15min 储能，通过控制储能在直流故障后快速放电提供紧急功率支援，能够保证华中特高压环网建成后在长南线南送 500 万 kW、天中直流满功率 800 万 kW 的运行工况下，华北 – 华中电网稳定运行，可释放天中直流和长南线输电能力 300 万～450 万 kW。

5.1.2　保障电力可靠供应能力

一是在峰谷差较大的局部电网，利用规模化储能满足尖峰负荷供电需求，降低负荷峰谷差，延缓输电网建设及配电网升级改造投资，提高电网设备的利用率。

未来我国电网最大负荷增速仍高于用电量增速，负荷峰谷差呈增大趋势，尖峰负荷短而高，以满足尖峰负荷需求为目标进行电网规划和建设经济性较差。利用储能在高峰负荷时段补充峰值电力，满足尖峰负荷供电需求，延缓为满足短时最大负荷或网络阻塞而新增的电网建设投资。同时将煤电机组的容量释放出来，降低大型传统机组的备用容量，提高火电机组的利用率。储能扩容配置简单灵活，将成为未来电网保障峰荷供电、节约基建投资、提高输变电设备利用率的刚性需求。以某省为例，某年超过

9500 万 kW（95% 最大负荷）的尖峰负荷持续时间仅为 49h（出现天数为 7 天），尖峰电量仅为 9447 万 kWh。若依靠调峰电源和配套输变电设备来满足尖峰负荷的供电需求，投资需求约为 400 亿元。若利用 500 万 kW/2h 的电化学储能电站来保障尖峰负荷供电，投资需求约为 160 亿元（以能量型电池储能电站成本 1600 元 /kWh 计算）。按照储能电站寿命周期 15 年，电网设备寿命周期 30 年测算，折合每年可节省投资 17 亿元。

二是利用分布式储能资源，将客户侧可调节负荷按照站 – 线 – 变 – 户关系进行聚合，通过源网荷储协调互动，充分释放可调节负荷潜力，解决电网供需不平衡、调节困难等问题，具有显著的社会效益和经济效益。

需求响应是调节电网峰谷负荷、缓解供需矛盾的重要措施，目前储能设施已被纳入需求响应参与主体。各类分布式储能资源通过聚合及与用户侧可调节负荷协同，联合参与价格型和激励型需求响应，将大幅度释放各类可调节负荷的潜能，成为电网深度调峰、新能源消纳利用的巨量调节资源。以某市电网为例，年度最低用电负荷均出现在每年春节的正月初二至初四期间，电网负荷低造成热电联产机组面临停机风险，春节期间用电、用热矛盾突出，居民节假日供暖需求受到影响。春节期间多家大工业用户及负荷聚合商参与需求响应"填谷"项目，低谷负荷同比提升 7.2%，有效保障超过 10 万户居民供暖需求，社会效益、经济效益显著。若组织数十万计的通信基站备用电源及分布式储能共同参与"填谷"，低谷负荷同比将大幅提升，进一步缓解区域电网季节性供需不平衡的压力。

5.1.3　促进新能源的高效消纳

一是在高比例新能源集中接入地区，利用规模化储能作为调峰资源，有效提高新能源电力消纳水平。

新能源具有随机波动性和反调峰特性，高比例新能源接入电力系统后电网电力电量在空间和时间上的平衡难度进一步加大，需要构建基于深度调峰的火电、灵活调节的抽蓄与燃气机组、规模化储能的新型调峰体系，以满足电网电力功率平衡，有力促进高比例新能源消纳利用。以某区域电网 2030 年预设场景为例，在新能源装机占比 66% 的场景下（最大负荷 1.38 亿 kW，直流外送 6670 万 kW，常规电源保持 2020 年装机 2 亿 kW 不再增长，风电、光伏装机各 2 亿 kW），配置 1600 万 kW/6h 储能，根据调度日前计划进行有序充放，可将年弃光率从 15.5% 降低到 8.8%，将年弃风率从

15.6% 降低至 11.8%。配置储能后，可新增新能源消纳电量 401 亿 kWh/ 年，新能源累计并网发电量占年发电总量的 49.4%，基本符合 2030 年非化石能源发电量占比 50% 场景的预期。

二是在高比例分布式电源接入的中低压配电网，利用分布式储能的灵活调节能力，有效抑制分布式电源接入造成的功率波动，减小电压越限风险，提升配电网对新能源的接纳能力。

大量具有间歇性和随机性的分布式电源接入配电网，使传统配电网由无源变有源，潮流由单向变双向，易引起配电系统产生功率失衡、线路过载和节点电压越限等问题，并制约了分布式新能源的消纳。广泛利用"分布式储能 + 光伏"，提升配电网对新能源的接纳能力。"储能 + 光伏"是未来可持续发展路径：一方面能够改善新能源发电波动的影响，提升新能源的电网友好性，另一方面发展应用独立"光 + 储"模式，以及分布式光储聚合模式，在配电网形成规模化智慧可调资源，进一步提升新能源高效消纳空间。以某县域电网为例，大量分布式光伏接入县域电网造成配电网电压升高，线路末端电压最高接近 1.3 倍额定电压，频繁发生逆变器脱网事件。通过在光伏电站加装分布式储能装置，平抑光伏出力波动，有效改善了配电网电能质量，光伏消纳量增长 13%。

5.2 新型储能演进形态

目前锂离子电池、压缩空气储能、液流电池、钠离子电池和飞轮储能等新型储能被认为是日内型灵活性调节资源；压缩空气储能、液流电池储能、储热、氢储能等被国际学界认为是长周期储能技术。碳达峰阶段，新型储能技术经济性相较常规调节手段仍有差距，因此在充分挖掘常规调节手段后，多类型新型储能应满足日内灵活调节、辅助支撑及应急电源等日内波动调节的有限目标。碳中和阶段，新型储能技术经济性持续提升，长周期储能技术取得突破，与传统电源、新能源配合，逐步发展成为多时间尺度灵活调节资源。

在"保安全"方面：2030 年前，以电化学储能为主的新型储能是潜在优质的灵活性调节手段，在电网末端、配电网薄弱、新能源高渗透率接入、应急保障能力不足等场景的电力安全保障中具有重要作用。重点攻克储能设备的安全性、耐久性、低成本化以及储能系统的规模化多场景应用能力；2030 年后，储能作为潜在的系统主动支撑资源，重点解决高压大容量直挂和构网型储能装备的研发及规模化应用问题，形成与电力系统互动的可观可测可控的主动支撑能力。

在"保供应"方面：2030 年前，新型储能在保障电力电量供应方面优势有限，重点开发日内调节型储能，解决新型储能技术经济性和市场机制问题，推进其规模应用；2030 年后，加强具备长周期调节能力储能技术研发应用，进一步实现储能低成本规模化应用，缓解极端天气的电力供应紧张问题。

在"促消纳"方面：2030 年前，新能源消纳是日内调节型储能主要的应用场景，需重点攻克集中式储能多场景复用调控、分布式储能聚合控制等共性关键技术，匹配多元化场景，提高储能系统灵活调节利用水平；2030 年后，新型储能系统重点向提供容量备用充裕度方向发展。

Chapter 6

总结与展望

新型储能是构建新型电力系统的重要技术和基础装备，是实现"双碳"目标的重要支撑，也是催生国内能源新业态、抢占国际战略新高地的重要领域。新型储能首次被写入 2024 年《政府工作报告》，作为我国经济社会工作的重要任务之一，发展按下"加速键"。

（1）我国储能产业生态已初步形成，新型储能技术家族不断壮大，多元化发展态势明显。其中，锂离子电池技术处于国际领先水平，产业化程度最高，处于规模化应用阶段；全钒液流电池、压缩空气储能、飞轮储能等技术处于国际领先或跟跑水平，处于大容量示范应用向商业化初期的过渡阶段；钠离子电池储能技术处于国际领先水平，技术整体处于工程示范阶段。

（2）新型储能技术路线多样，成熟度及经济性各有差异。锂离子电池储能技术标准体系和应用管理体系日趋完善，可控安全应用方面也在逐步改善，预计 2030 年度电成本达到 0.15 元 /kWh，装机占比有望超过抽蓄；钠离子电池目前处于小规模示范应用阶段，由于不受资源限制，规模化应用后度电成本有望接近 0.10 元 /kWh；液流电池及压缩空气储能是大容量储能技术的选择之一，处于百兆瓦级工程示范应用阶段，度电成本有望在 2030 年前后接近抽蓄，达到 0.25～0.30 元 /kWh；飞轮储能作为功率型储能，单机功率正向兆瓦级发展，处于短时调频示范应用阶段。

（3）新型储能进入发展黄金期，安全发展仍是关键。国家从规划选址、设计及平面布置、储能电站、应急消防到安全管理出台的系列标准和政策法规，为实现储能电站全链条全方位的安全防护提供一定的政策支持。近年国内外发生多起储能电站安全事故，已投运储能电站故障频繁，原因涉及储能核心部件本体缺陷、外部激源、运行环境及管理缺陷等全环节全流程，需要基于统一标准规范要求，尽快形成源网荷全方位覆盖的储能安全与质量把关协同服务体系，实现安全管控的全产业链全流程闭环管理，推动行业安全与高质量发展。

（4）我国已逐步构建新型储能技术标准体系，基本满足新型储能规模化应用。未来需要进一步加强储能全产业链技术标准和规范的制定执行，建立完善储能电站全生命周期安全质量管理体系，建立健全新型储能安全管理和应急处置机制。目前电化学储能已初步形成较为完整的标准体系，需要进一步完善储能规划设计与回收利用等方面的标准；压缩空气储能、飞轮储能等尚需进一步区分和细化，亟需开展并网接入等标准的制订工作；储能安全、消防等相关标准仍有较大的完善空间，需加强新型储能电站的安全风险评估，识别重点运维对象，提升运维质量，制定新型储能安全规范和操作指南，加强新型储能安全培训和演练。

（5）新型储能将成为新型电力系统的重要构成环节，其主要功能定位为"保安全、保供应、促消纳"，且各阶段定位不同。2030 年前，主要是技术成熟期，锂离子电池、压缩空气、液流电池、钠离子电池和飞轮储能等新型储能技术经济性相较常规调节手段仍有差距，因此在充分挖掘常规调节手段后，多类型新型储能应满足日内灵活调节、辅助支撑及应急电源等日内波动调节的目标。2030 年后，新型储能仍将居于有力竞争地位，随着储热、氢储能等长周期储能技术取得突破，逐步发展成为多时间尺度灵活调节资源。

（6）加强新型储能科技创新，从基础理论、本体制造、系统集成到工程应用全面布局，促进新型储能技术快速高质量安全发展。加强新型储能基础技术研究，加强新型储能装备及安全应用技术研究，加强新型储能多元多场景应用技术研究，围绕制约新型储能产业发展的系列"痛点""堵点""短板"问题，从高效安全预警与防控、精准状态感知与寿命预测、技术成熟度与应用经济性提升、电网适应性与支撑技术、市场运营机制优化、绿色低碳发展、规模化应用实证等方面，提升新型储能基础理论及技术装备水平，循序渐进布局科技攻关项目与适度规模的工程示范，推动新型储能跨行业、多场景应用。

参考文献

[1] 中国能源研究会储能专委会，中关村储能产业技术联盟 . 储能产业研究白皮书 2024[R].2024.

[2] 中国化学与物理电源行业协会 .2024 中国新型储能产业发展白皮书 [R].2024.

[3] 国家能源局 . 国家能源局 2024 年一季度新闻发布会文字实录 [EB/OL].https://www.nea.gov. cn/2024-01/25/c_1310762019.htm，2024.

[4] 李相俊，王上行，惠东 . 电池储能系统运行控制与应用方法综述及展望 [J]. 电网技术，2017，41(10): 3315-3325.

[5] 李相俊，马会萌，姜倩 . 新能源侧储能配置技术研究综述 [J]. 中国电力，2022，55(1):13-25.

[6] 中国电力企业联合会 .2023 年上半年度电化学储能电站行业统计数据 [R].2023.11.

[7] 汪毅，刘超群 . 电力储能安全蓝皮书 [M]. 北京 : 中国电力出版社，2021.10.

[8] 全国标准信息公共服务平台 [EB/OL].https://std.samr.gov.cn/，2024.01.

[9] 国家能源局 . 新型电力系统发展蓝皮书 [M]. 北京 : 中国电力出版社，2023.6.

[10] 王上行，范高峰，李相俊，等 . 适应高比例可再生能源发展的储能需求和调度运行机制研究 [R].2022.

[11] 陈飞江 . 钠离子电池层状正极材料研究进展 [J]. 山东化工，2024，53 (02): 115-117.

[12] 赵毅伟，张福华，颜顺，等 . 普鲁士蓝类钠离子电池正极材料导电性研究进展 [J/OL]. 储能科学与技术，2024，3:(1-13).

[13] 王培远，朱登贵，李永浩，等 . 锰基普鲁士蓝作为钠离子电池正极材料的研究进展 [J]. 化工新型材料，2024，52 (02):59-64.

[14] 张新敬 . 压缩空气储能系统若干问题的研究 [D]. 中国科学院研究生院 (工程热物理研究所)，2011.

[15] 唐西胜，刘文军，周龙，等 . 飞轮阵列储能系统的研究 [J]. 储能科学与技术，2013，2(03):208-221.

[16] 王明菊，王辉 . 飞轮储能的原理及应用前景分析 [J]. 能源与节能，2021，(04): 27-28+54.

[17] 卢山，傅笑晨 . 飞轮储能技术及其应用场景探讨 [J]. 中国重型装备，2022(04):22-26.

[18] 戴兴建，魏鲲鹏，张小章，等 . 飞轮储能技术研究五十年评述 [J]. 储能科学与技术，2018，7(05):765-782.

[19] 焦渊远，王艺斐，戴兴建等 . 飞轮储能系统电机转子散热研究进展 [J]. 储能科学与技术，2023，12(10):3131-3144.

[20] 牛志远，金阳，孙磊等 . 预制舱式磷酸铁锂电池储能电站燃爆事故模拟及安全防护仿真研究 [J]. 高电压技术，2022，48(05):1924-1933.